数字经济创新驱动与技术赋能丛书

网络DevOps平台规划、设计与实践

基于企业架构（EA）和领域建模（DDD）的方法

丙姐　南迦巴瓦◎编著

U0179332

机械工业出版社
CHINA MACHINE PRESS

本书是围绕抽象思维、架构设计、实施运营来指导网络DevOps落地的实践指南，也是通过方法论结合工程实践来阐述网络DevOps平台架构设计的架构设计实战手记。

本书共8章，内容包括：什么是网络DevOps、网络DevOps的核心——网络DevOps平台、网络DevOps平台架构设计方法论、网络DevOps平台的系统架构设计、网络DevOps平台的中台能力设计、网络DevOps平台实施七要素、网络DevOps平台的实施建议、网络DevOps平台的迭代演进。

作者将网络运营的特点、抽象思维和架构设计的方法论充分结合，并以"一个小网工成长为系统架构师"的故事结合案例串联全书，将架构设计的理念、方法和实践以通俗易懂的形式呈现给读者，具备较强的示范性和可读性。

本书适合互联网基础设施运营团队的管理者包括传统网络工程师和网络平台研发工程师等一线从业者阅读与参考。

图书在版编目（CIP）数据

网络DevOps平台规划、设计与实践：基于企业架构（EA）和领域建模（DDD）的方法／丙姐，南迦巴瓦编著.—北京：机械工业出版社，2022.10（2023.4重印）
（数字经济创新驱动与技术赋能丛书）
ISBN 978-7-111-71709-6

Ⅰ.①网… Ⅱ.①丙…②南… Ⅲ.①软件工程 Ⅳ.①TP311.5

中国版本图书馆CIP数据核字（2022）第179025号

机械工业出版社（北京市百万庄大街22号 邮政编码100037）
策划编辑：王 斌 责任编辑：王 斌
责任校对：秦洪喜 责任印制：单爱军
北京虎彩文化传播有限公司印刷
2023年4月第1版第2次印刷
184mm×240mm·14.5印张·284千字
标准书号：ISBN 978-7-111-71709-6
定价：79.90元

电话服务 网络服务
客服电话：010-88361066 机 工 官 网：www.cmpbook.com
010-88379833 机 工 官 博：weibo.com/cmp1952
010-68326294 金 书 网：www.golden-book.com
封底无防伪标均为盗版 机工教育服务网：www.cmpedu.com

数字经济创新驱动与技术赋能丛书
编委会成员名单

前　言

1969 年，互联网诞生之初，便随之诞生了"网工"这一特定群体。与"码农"不同，网工不仅要熟悉传输控制协议和互联网协议（Transmission Control Protocol Internet Protocol，TCP/IP）、链路层发现协议（Link Layer Discovery Protocol，LLDP）、多协议标签交换（Multi-Protocol Label Switching，MPLS）等五花八门的协议原理、报文封装，还要扛起整个基础网络设备从上架上电、设备配置，到实时监控、业务配置、割接优化等一系列工作。网工们白天盯告警、写配置，晚上守着电话值班，7×24 小时不敢懈怠，相当辛苦。

现在的互联网，与其诞生之初已经天差地别，面貌完全不同，社交、短视频、电商等各种让人眼花缭乱的应用，都在朝着"All In Cloud"的趋势演进，而承载这些应用的云都是部署在网络之上的。哪个网站出现"404"页面无法访问了，哪家的支付突然无法使用了，哪个直播平台突然黑屏了，用户们首先想到就是"网络出故障了！"这时候，在各类负责运维的人员中，不论是应用运营人员、数据库管理员（Database Administrator，DBA）、云平台运营人员，第一批负责处理故障的人一定是网工。网工们一边查看各类告警，一边心中默念：千万别是网络原因，千万别是网络原因……一旦确认是网络问题，网工们就赶紧启动各类预案，一边掐着秒表一边看着流量图，想尽各种办法解决问题。

如今，网络 10 秒不可用的背后，往往意味着上百万、上千万的页面浏览量（Page Views，PV）的损失和不可估算的经济损失。一个错误命令的下发，不再只是被领导或者师傅批评几句这么简单的事了，给用户道歉、赔偿，被处分，甚至丢掉工作，都是有可能发生的事情。随着网络规模越来越大，部署其上的业务越来越多，用户和客户的要求越来越高，网工肩负的责任越来越重。即便是网络技术"大牛"，管理网络的时候敲个<Enter>键也越来越谨慎，生怕误操作导致发生不可挽回的损失。

于是乎，有了专门的网络管理平台。网工们过了一把甲方的瘾，把自己对网络管理的要求布置给开发，建起覆盖不同层级网络的网管平台，每年列出一个很长的需求清单，以三个月或半年为周期地进行平台的迭代更新……

于是乎，那些学过 C++ 的网工们，为了速度更快一点，开始尝试着自己编写一些小脚本，把一些重复性的工作用脚本来实现，例如用脚本来定期从设备采集特定信息，例如用开源软件展示流量图……

于是乎，大家开始抱怨不管是值守还是紧急处理故障，计算机上都要打开太多窗口；大家开始抱怨平台、系统、工具越来越多，好用能用的却没有几个……

作为已经在网络运营战场上摸爬滚打二十载的"过来人"，笔者布过线缆，调过配置，做过规划，熬夜做过割接、做过保障，可以说对网工所涉及的相关工作都有过接触或者深切体会。最近几年，笔者虽然主要从事基础网络方面的工作，但在公司各种软件架构、软件开发技术、中间件、中台等知识的浸淫之下，已经习惯和适应了在网工、产品经理、系统架构师间做各种身份的切换与变化。

无论是自动化、智能化、DevOps，还是中台，不管是什么概念、什么技术，引入到网络这个领域中，最初目的都是让网工们更高效、更轻松地完成工作。软件技术发展到今天，我们完全有能力把中台、DevOps、自动化、智能化、大数据等最新理念和技术都融入进来，打造一个综合、统一、全面的网络运营平台。

本书就是构建一个企业网络运营平台全过程的经验总结。首先，这个平台是一个经验沉淀平台，能把网工多年的运营经验沉淀下来，所以它是匹配 DevOps 的；这个平台能够减少网工们的日常工作量，降低出错的概率，所以它是支持自动化的；这个平台是能够扩展和演进的，所以它是以中台的形态存在的；作为一个基础性质的运营平台，它是安全和可靠的。

本书主要内容如下。

第 1 章　从认识网络 DevOps 开始，介绍其概念、目标、理念以及构成，明确对其价值的认识，为后续的内容奠定基础。

第 2 章　介绍网络 DevOps 的核心——网络 DevOps 平台的定义、特点和作用，回顾网络 DevOps 平台的历史形态，对网络 DevOps 平台的架构进行初步介绍。

第 3 章　介绍网络 DevOps 平台架构设计的方法论，包括企业架构（TOGAF）、中台和 DDD 领域驱动设计三方面内容。

第 4 章　从网络运营的战略开始，分析业务、业务战略和业务价值链，并完成业务域拆分；以网络运营的两个子领域为例进一步设计应用架构，最后通过软件复杂度分析，完成网络 DevOps 平台的技术架构设计。

第 5 章　在企业架构设计的基础上，进行中台能力识别的实践。将企业架构与中台进行对应，对网络 DevOps 的业务中台、数据中台和技术中台进行说明。

第 6 章　逐一分析和阐述包括从机制到人员在内的网络 DevOps 运营模式落地的七个关键要素。

第 7 章　针对具备不同管控能力或者处于不同企业背景的网络团队，给出规划或者启动网络 DevOps 平台建设的一些建议。

第 8 章　从网络技术的自身发展、管控平台的范围拓展，以及管控智能化三个方面，展望网络 DevOps 平台的迭代演进趋势，并介绍基于意图的网络（Intent-Based Networking，IBN）。

本书内容的一大特点就是由故事情节推动，书中引入了五个角色：小 P、老 E、张 sir、老 A、老 M，他们与其他小伙伴一起，承担了网络 DevOps 平台建设的主要工作。其中网工小 P 是主角，构建这个平台的过程就是他践行 DevOps、从网工成长为具备产品经理的视角和能力、掌握业务架构和技术架构设计能力的系统架构师之路。小 P 和他的伙伴们代表着广大从事网络运营工作的同行们，小 P 们的实践、他们踩过的坑，或许就是广大读者朋友们在实际工作中遇到的问题、面临的困惑，读者朋友们一定能够从中体验到代入感和亲切感。

本书是行业内跨公司合作的结晶，由阎璐（丙姐）、冀晖（南迦巴瓦）共同编写。特别感谢机械工业出版社王斌编辑在本书出版过程中的细心审核，并就本书以网工成长故事为主线的内容组织形式提出了宝贵的建议；感谢中国电信研究院雷波老师的推荐，促成了本书的出版。感谢上海理工大学的叶佳妮同学为本书绘制了生动的插图。本书的编写也得到了多位行业专家的大力支持和诚挚建议，在此对他们表达真诚的谢意！

由于自身水平有限，技术的发展又日新月异，书中难免出现一些遗漏和错误，欢迎广大读者朋友们指正，并通过邮件方式与我们沟通交流（devops888@163.com），在此表示感谢！

作　者

2022 年 8 月

角色简介

小 P

一个毕业后直接入职公司、如今已有三年工龄的"新"网工。小 P 很聪明，也很爱思考，除了做好网工的日常工作以外，一直在探索和尝试着如何通过"系统化"提升工作效率，入职第一年，小 P 就开发了很多小脚本，实现诸如设备运行状态日常自动化巡检来减少重复工作。随着公司网络规模的不断扩大，他进一步向领导提出了建设一个自动化平台的建议。在公司启动的网络 DevOps 平台建设项目中，他将担当项目负责人的重任。

小 P 很崇拜的"超人"师傅。这位老 E 是资深网工，一周有三个晚上在变更割接，凌晨 3 点下班，中午 12 点又来坐镇。有了老 E 的言传身教，小 P 的网络知识和运营经验突飞猛进。在网络 DevOps 平台建设项目中，老 E 从网络运营的业务角度给予了小 P 重要的支持和帮助。

老 E

张 sir

作为老 E 和小 P 的顶头上司，张 sir 是一位在网络运营管理方面有着丰富经验和创新意识的管理者。虽然出身网工，但在研发上有自己的认识和理解。他一直很重视并鼓励小 P 进行创新，一方面在网络 DevOps 实践上给予了小 P 坚定支持，另一方面在公司协调了各种专业资源来协助和支持小 P，既提供了平台，又给予了实质性的帮助。正是他支持小 P 成为网络 DevOps 平台开发项目的负责人。

老 A 是公司研发效能团队的架构专家，老 M 来自 PMO（项目管理办公室）团队，他们都参与到了网络 DevOps 平台建设项目中，并发挥了重要作用。老 A 和老 M 通过扎实的专业知识和丰富的项目经验，极大地推动了项目的顺利落地，也让小 P 在项目架构设计和项目管理方面学习到了更多知识，对小 P 从一名网工成长为系统架构师给予了重要的辅导。

老 A 和老 M

目录

CONTENTS

第 1 章
什么是网络 DevOps

这天，张 sir 把小 P 和老 E 叫到了会议室。

张 sir：你们听说过 DevOps 吗？

小 P 抢先回答：知道知道，是一种软件研发模式，用于提高研发效率的。

张 sir：你们之前不是提出要做网络自动化运维平台吗？这样吧，我把相关安排和要求说一下：现在我们维护的网络规模和团队规模都越来越大，因此部门内准备成立一个研发团队，专门负责你们的运营平台开发，项目初期人不会太多，先 5~8 个人吧。

另外，上周我参加了一个技术论坛，有个分论坛就是讨论 DevOps 的，很多嘉宾都介绍了他们的行业实践，DevOps 对他们提升研发质量与效率，以及业务价值都有不小的作用。我记得其中还有一个报告专门讲了网络 DevOps，虽然并没有说清楚网络 DevOps 到底是什么，但他们公司已经开始进行相关探索了。

接下来，你们俩和后续要参与进来的研发团队成员一起讨论一下，看看能否在这个网络运营平台的建设中把网络 DevOps 的理念融入进去。我们的技术和能力都不差，一定要搞出一些名堂来，用有限的资源更高效地做事。

小 P，你是目前团队"网工里最懂研发的，研发里最懂网络的"，这个项目由你来牵头，老 E 你是小 P 的师傅，要给他足够的支持。后续还会有来自公司研发效能团队的老 A 和 PMO 团队的老 M，从架构设计和项目管理方面协助你们。给你们一个月时间，下个月讨论项目方案。

回到办公室，小 P 和老 E 商量后，一致认为现在业界对网络 DevOps 根本没有统一的定义，各个公司在做法上差异也很大。想要搞网络 DevOps，先得从搞清它的真面目开始，了解其价值，认识其构成，为后续的平台架构设计和实施落地做好准备。这项准备工作由小 P 来做。

以下就是小 P 花了一周时间整理的关于网络 DevOps 的总结。

1.1　网络 DevOps 的概念、价值与构成

这几年，数字化转型的浪潮一浪高过一浪，很多企业好像在一夜之间都变成了软件企业，软件也成了各家企业提供服务的直接载体和利润增长点。作为负责运营基础设施的网络团队，不论所处企业的性质和主营业务如何，都要思索如何跟随数字化转型的方向，主动进行变革，为企业能够在市场竞争中胜出提供有效帮助。

可以看到，很多公司的网络团队，正在逐步从一个单纯的成本中心，向产品团队、服务团队和研发团队这样的准利润或利润中心转变，甚至有些互联网公司的网络团队直接从名字上就改为了网络研发部，或者网络平台部，并在团队中明显加大了对研发的人员与资源投入。一方面通过自研的软硬件产品实现更多的网络功能，为业务提供更多高效、低成本的产品和服务；另一方面通过对管控手段的升级，更快速、更敏捷地响应业务和用户需求，将传统的网络承载传输封装和升级为服务与能力。

网络管控平台，逐渐从对设备、对资源的管控中心演变为服务业务和赋能业务的桥梁，成为网络运营服务化、产品化的载体。同时，一些在思想上已经完成转变的团队，试图寻找一种新的网络管控平台建设模式，从而切实地提升自身的服务效率与运营能力。这个时候，一种在软件业诞生已久的软件开发和交付模式——DevOps 进入了大家的视野，网络 DevOps 自此产生。

1.1.1　网络 DevOps 的概念

到目前为止，业界对网络 DevOps 并没有一个统一的概念和定义。一方面，从企业或者团队的各种组成要素上，对网络 DevOps 的理解存在着差异：从平台的角度来看，是否就是一种自助开发和自助服务模式；从人的角度来看，是否就是开发做运营，运营做开发；从组织的角度来看，是否要在运营团队内设置专职开发团队或者人员；从流程的角度来看，是否

就是流程自动化、系统化？另一方面，即便是同处于一个团队内的不同角色，像管理者、开发人员、网工、产品经理，因其所处的岗位和视角不同，最后的理解也会不同。

为了统一认识，并为后续的学习和讨论确定一个明确的主题与方向，这里先对网络 DevOps 做出定义：

网络 DevOps 是一种**基于中台架构**进行网络应用开发与平台化运营的**智能管控模式**，它以快速满足业务的需求并持续改进运营能力为目标，通过人、机制、平台间的高效协作与互动，使**网络服务**与**运营能力**的构建、测试、发布得以更加快速、高效、安全、稳定地进行。

从这个定义出发，可以知道：

1）网络 DevOps 不是一个单纯的技术问题，而是一个需要从平台、流程、架构、组织等多方面协同，互促互证的一个模式。

2）网络 DevOps 与 DevOps 一样，首先需要思维模式上的改变，将从网络出发的传统理念，转变为从业务出发的新思维，提炼、归纳和提升关键能力，并封装成面向业务的服务和能力。

3）网络 DevOps 相较于传统管控模式的最大区别在于所采取的开发模式不同，网络 DevOps 将平台研发与应用开发解耦，由网络运营人员承担应用开发，实现运营应用快速、高效、安全、稳定地构建与发布。

4）网络 DevOps 将给整个团队带来很多方面的深层次的改变，包括人员角色的转换，技能的提升，开发交付模式的转变等。

5）网络 DevOps 不是一个岗位或者角色可以完成的工作，而需要产品、网络运营、平台研发等角色的共同协作，它将彻底改变以往那种研发团队和运营团队相互独立甚至对立的局面。

1.1.2　网络 DevOps 的价值

做网络 DevOps 的意义不是因为行业其他竞争者都在做，也不是因为 DevOps 能提高交付效率和质量，之所以要做，主要是因为网络 DevOps 能切实地带来几个方面的价值和收益。

（1）网络运营团队能够快速地适应各种变化

快速适应变化保证了整个团队的可持续发展。这些变化涉及多个维度或者多个层面。业务维度上，包括业务对网络承载需求的变化，业务本身在现网部署、流量模型质量要求上的变化，网络对业务的服务重心和服务模式的变化；网络维度上，包括网络自身在技术和架构上的变化，以及运营模式、落地流程和服务提供的变化；技术维度上，包括研发架构、硬件设施、软件技术的发展等。

（2）整体的工作效率得以实质性提升

传统网工终于可以通过平台的帮助，从重复和烦琐的日常工作中解放出来，并从网络管控平台建设的需求提出者和实际使用者，转变为共同建设者和开发者，网络团队也转型为研发型团队。网工的角色转变，以及从设计阶段就开始充分介入，使得平台的设计更符合生产的实际需要，更有利于平台的能力和质量的快速提升。

（3）内外部运营变得更灵活、更顺畅

类似于乐高积木的网络运营功能组件，不但让网络内部各类活动的实现更快速高效，而且可以实施通用的服务封装（例如微服务注册），快速地形成对外服务能力，而服务能力的提供，是网络 DevOps 价值的核心体现。

由此可见，网络 DevOps 一方面能够提升网络服务的效率、质量和价值，另一方面还能通过角色和能力的改变，改变传统网工的工作方式和工作内容，提升网工的成就感与工作积极性，从而促进整个技术团队向研发运营一体化的转型。

1.1.3 网络 DevOps 的构成

回顾整个 IT 行业的发展历程，新思想和新技术的发展总是同标准化的模型与框架相伴相生的。当某个技术逐渐成熟时，就需要一套模型和框架来帮助人们快速跟上节奏，找准方向，从而实现大规模推广并健康发展。网络 DevOps，自然也应该建立和统一其框架模型。

网络 DevOps 框架分为平台、人和机制三部分，同时也是网络 DevOps 的三大组成要素。

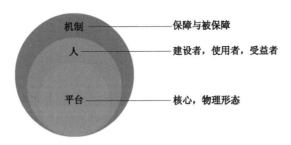

图 1-1 网络 DevOps 框架的三大组成要素

1. 网络 Devops 平台

网络 Devops 平台是网络 DevOps 的落地物理形态，是其核心。网络 DevOps 本质上就是一种智能管控模式，这种模式最终会以一种物理的形态——网络 DevOps 平台——一个贯穿了网络 DevOps 理念的网络管控平台来实现落地。

网络 DevOps 平台的目的是帮助网络工程师实现网络运营活动的线上化，为网络运营和网络服务等各种应用的编排、管理、运行、运营提供承载。

网络 DevOps 平台也是对研发效能进行管控的手段，是保障各种管控机制落地的工具。研发工程管理中涉及的发布、测试、质量内控、安全等都要通过这个平台进行约束和效果体现。

网络 DevOps 平台还是人员能力转型和融合的助手。不管是网络运营向研发的转型，或是研发向网络运营的拓展，都可以借助平台的沉淀、开放和共享能力来实现。

网络 DevOps 平台既要实现网络 DevOps 的基本目标，即快速满足业务需求并持续改进运营能力，又要规避和解决以往建设与运营不同形态管控平台中所遇到的问题，因此它的规划、设计、开发和部署乃至运营，都和以往的网络管控平台建设有很多不同，在设计方法、技术架构、人员能力、开发模式和运营模式上都有新的要求。

因此，在网络 DevOps 平台的规划设计中引入中台的概念和方法、引入 DDD 的理论和实践、在开发中引入敏捷的方法、在运营中注重治理的能力非常重要。

在后面的章节中，会逐一介绍这些方法，以及运用这些方法所开展的一些具体实践。

2. 角色的协作与联动

人是网络 DevOps 的主体，负责网络 DevOps 的规划、设计、开发、运营等一系列实施活动，并从网络 DevOps 中受益。要将人的能动性和价值发挥到最大，就必须有一系列的岗位和角色来支撑。

在网络 DevOps 的目标下，简单的网络工程师+平台研发的角色模式已经不能满足要求，网络 DevOps 建设和运营过程中的角色包括业务架构师、系统架构师、产品经理、应用开发人员、平台开发人员、测试人员等，这些角色以及相应的技能要求，与既有的传统单体系统开发模式存在不小的差异。

只有每个角色都充分发挥其作用，并以项目的形式充分协作和联动起来，才能将平台的价值最大化，将机制真正落实生效。

（1）架构师

架构师包括两类，业务架构师和系统架构师。业务架构师负责从企业战略的角度，设计网络运营的业务架构，并与产品、技术人员一起推导出相应的应用、技术架构；系统架构师负责从系统复杂度的角度，分析网络 DevOps 平台的复杂度，最终确定需要采取的架构策略和技术选型，并完成技术中台的设计。

（2）产品经理

产品经理负责网络 DevOps 平台产品层面的规划与设计。产品经理将来自业务及网络运营的需求进行抽象和提炼，转换成应用架构设计，同时负责网络 DevOps 平台中业务中台、数据中台的设计和平台治理能力的设计，并协助应用开发工程师实现应用的规划和落地。

产品经理同时负责平台对外商用服务能力（产品）的规划和设计。

（3）平台研发工程师

平台研发工程师（后文简称平台研发）负责网络运营管控平台的开发，负责技术架构的设计和开发落地，负责网络 DevOps 平台中业务中台、数据中台、技术中台的开发实现和平台治理能力的开发，并协助应用开发实现应用的开发、部署、测试和验收。

在网络 DevOps 中，平台研发工程师往往也兼职平台运营的工作，即负责网络 DevOps 平台的治理和日常运营，包括各类服务与运行指标的分析、平台优化和异常问题（含平台级和应用级）的诊断、定位、处理与反馈跟踪等。

（4）应用开发工程师

应用开发工程师（后文简称应用开发）负责网络 DevOps 上基础应用和其他复杂应用的开发与发布；并负责应用全生命周期的管理，如授权、审批等。

应用开发工程师还承担着网络运营的工作，属于传统的网工工作范畴：负责基础网络（包括 IP 网、传输、移动接入网、移动承载网、overlay 网络等）的规划、运维、资源管理等基础运营工作。这些工作将更多地通过网络 DevOps 平台投产后的应用来实现和完成。

（5）测试工程师

测试工程师负责网络 DevOps 平台上业务平台、数据中台、技术中台相关功能模块的单元测试、集成测试，负责应用发布前的单元测试、集成测试和灰度测试，也负责安全方面的相关测试。

（6）客户（网络所承载的业务）

业务即网络承载上承载的主流应用，如云、支付、微信等。对互联网大厂，业务一般指一个 BU（Business Unit）或者 BG（Business Group）；对网络运营商，业务一般指所有承载在其上的重要政企客户，如阿里、腾讯等。

业务既是网络承载的客户，也有可能是网络 DevOps 平台本身的客户，因为通过合理的产品设计，网络 DevOps 平台可以向业务客户开放部分服务或者能力。

3. 保障约束机制

机制用于保障网络 DevOps 文化和理念的正确执行,用于保障平台和应用运行的安全与稳定,用于保障不同角色间的顺畅合作。

任何新技术、新模式的落地,除了项目组成员的主动探索以外,更离不开各种制度、流程、组织架构的规范与保障,否则会在实际的实施或者运行中慢慢偏离最初的设想,更严重的,会因为一些问题持续得不到解决而夭折。

平台建成以后,必须高度重视平台的持续运营。网络 DevOps 是一个运营平台,用于保障生产活动安全、稳定、敏捷、持续地进行,保障技术价值得以高效地流动。因此,若平台自身不能持续运营,也就无法从根本上保障生产活动的各个参与团队和不同环节间的良性运转,网络 DevOps 对业务的吸引力也必然会逐渐丧失。

因此,从需求的管理到应用的验收上线,从工作流的管控到价值流自身的可视化和反馈等,都需要从组织到制度等一系列配套机制来支撑实现。

流程或者机制的保障,不是靠线下的“重”流程来实现的,而是需要通过技术、通过平台能力来提供。机制只是方式,平台才是手段。虽然听起来有点绕口,但其本质就是用平台自身能力来保障平台自身的持续运营。

1.2 网络 DevOps 与网络运营

毫无疑问,网络 DevOps 将给网络运营带来突破性的变革,变革之下,哪些发生了改变,又有哪些保持不变?接下来,我们将从战略目标、团队阵型、运营人员、日常工作几个方面来分析。

首先,网络运营的战略、目标与网络运营的生命周期,这些属于不变的部分。不管是否引入 DevOps 或者网络 DevOps,网络团队的主营业务均不会有变化,围绕主营业务的战略和目标也不会发生大的变化。例如团队的使命或者战略,并不会从提供世界 TOP1 的网络传输服务提供商,转变为世界 TOP1 的设备制造商。

而团队阵型则属于变化的部分。在思维方式上,通过网络 DevOps 可以打破团队之间的壁垒,促进架构理念在团队中深植,让团队成为“高质量”的研发型团队;研发型团队的形象将更加具体和实际,研发人员将更加重视架构,运营人员将参与和实践研发的工程管理全过程;同时,团队的服务能力将得到实质性的提升,一方面得益于团队成员将网络技术与工具手段合理结合，另一方面得益于平台所提供的灵活的应用实现能力；而且，随着团队人员的技能经验相互渗透和互助提升，纯开发和纯运营的人员比例将越来越少，人员能效上也将发生明显改观。

再有，日常的运营工作也会发生较大改变，即实现团队战略及目标的方式和路线将有很大变化。通过自动化、智能化的手段来实现战略目标将成为各类举措的重点，通过网络 DevOps 的引入，自动化和智能化的实现将会更加快速、有效和可持续——平台研发和应用研发以及相对应的研发管理将成为日常工作的一个重要部分。

此外，围绕网络生命周期的日常工作，将不会再分散在不同系统或者平台中，而是可以通过一个统一的平台来端到端地实现。不仅操作、数据形成了端到端闭环，团队成员对网络生命周期的理解和观察也将更加全面、立体。

那么，一个企业是否需要做网络 DevOps？又是否需要做网络 DevOps 平台呢？

我们已经讨论过网络 DevOps 的定义，也分析了它会带给我们什么样的价值，因此，对于一个网络运营团队而言，如果其所在的公司正处于持续发展中，那么选择网络 DevOps 一定会是一条正确的道路。但在是否需要启动网络 DevOps 平台建设的问题上，建议还是要结合自己公司当前的实际情况和未来的整体战略规划，从以下一些问题中寻找答案。注意，这里强调的是要结合公司未来的战略规划，因此，不是仅仅看公司当前的发展，也不能只看团队或者部门的战略，而一定要结合公司未来的整体发展来进行综合性的考虑。

1）公司的 Region、AZ、DC、骨干网节点当前是多大数量，未来一年、三年大概会演进到什么数量？

2）公司的设备在未来一年、三年内大概会演进到什么数量级？

3）公司每个月的告警是什么量级？需要介入处理的大概有多少数量？影响业务的大概有多少数量？

4）公司的变更每周数量大概有多少？每天又有多少？

5）公司的建设量（TOR 接入端口数）当前是什么数量，未来一年、三年大概会演进到什么数量？

6）公司的流程是否经常优化，还是基本处于一个稳定的状态？

7）公司是否有很多数据需要沉淀和分析，除了报表，目前是否看到有其他数据分析方面的强需求？

8）公司的运营人员大概有多少，其中掌握开发技能的有多少？

9）公司运营人员的平均维护设备数量是多少，未来三年又会达到多少？

10）公司的开发人员有多少？有真正的架构师吗？

11）整个团队中，是否有掌握大数据平台技术基础的人员？

定义、理念、价值……，经过一周的学习，小 P 已经对网络 DevOps 的概念了然于胸了，网络 DevOps 是一种基于中台架构进行网络应用开发与平台化运营的智能管控模式，而其核心就是实体化的网络 DevOps 平台。

只是，这个网络 DevOps 平台和以往大家用过的各种网络运营管控平台、自动化平台、监控平台又有什么区别呢？在构建和实施网络 DevOps 平台过程中又会遇到什么问题和困难呢？小 P 决定去找其他公司的前辈们取经，请他们讲讲对网络 DevOps 平台的理解，深入了解他们的经历和经验，为在项目启动会上确定平台的目标、作用与价值打好基础。

第 2 章
网络 DevOps 的核心——网络 DevOps 平台

经过一段时间的业界调研、现状梳理、目标制定，项目启动会如期召开了。作为项目负责人，小 P 在会上汇报了关于网络 DevOps 平台的概念、意义、目标和大体架构，得到了张 sir 的认可，但是经验丰富的张 sir 还是从汇报中找到了问题："巡检平台、故障平台、报表平台、日志平台……你这做的，到底是一个平台，还是很多个平台?"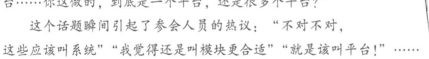

这个话题瞬间引起了参会人员的热议："不对不对，这些应该叫系统""我觉得还是叫模块更合适""就是该叫平台!"……

面对团队在一些常见且基础的概念认知上的不一致，小 P 也想到在和业界前辈取经时，以及前期和项目团队成员讨论方案时，所听到的系统、平台、模块等各种不一致的概念表述。看来还是需要把这些五花八门的名词（概念）之间的联系理清楚，这样大家对网络 De-vOps 平台的认识和理解才能统一，项目才能得以顺利实施。

于是，征得张 sir 的同意，小 P 在介绍完项目立项的相关内容后，为项目团队成员分享了他这段时间所整理的对网络 DevOps 的平台理解，包括基础概念，特点和作用，再到行业发展过程中网络运营平台的一些历史形态，希望能进一步加深和统一团队成员对网络 DevOps 的理解。

2.1　网络 DevOps 平台的概念

网络 DevOps 平台一定不是平台上堆平台，也不是平台上堆系统，平台、系统、模块、应用，这些概念在网络 DevOps 平台上都有其特定的含义。理清楚这部分概念，对后续平台的架构设计工作与平台落地工作的开展有很大的好处。

2.1.1　应用、系统与平台的区别

1. 应用

常见的计算机软件中，应用软件和系统软件是相对的两个概念。

系统软件是指控制和协调计算机及外部设备，支持应用软件开发和运行的系统，是无须用户干预的各种程序的集合，主要功能是调度、监控和维护计算机系统，比如我们熟悉的操作系统 Windows；应用软件则是为满足用户不同领域、不同问题的应用需求而提供的特定用途软件，应用软件可以拓宽计算机系统的应用领域，展现硬件的功能，比如我们每天都要使用的办公软件 Office。简而言之，**应用就是为使用者设计和开发的，面向使用者的，有特定用途的软件**。

具体到网络 DevOps 平台上，那些为满足实际工作需要，由不同运营团队或者网工在网络 DevOps 平台上开发、运行和维护的方案或流程等，都可以称之为一个应用，这个应用显然有其特殊的适用技术领域。

同时，每个应用在被激活运行时，都会产生一个实例。实例即运行中的应用，在概念上类似于软件中的进程。

如同苹果 iOS 和安卓操作系统为各类商用和个人应用提供承载、微信平台为各类小程序（应用）提供承载一样，网络 DevOps 平台也为各种运营应用提供承载，并主要提供以下功能。

- 应用的编辑、开发功能。
- 应用的生命周期管理功能（包括部署、测试、发布等）。
- 应用的运行监控功能。
- 应用的服务治理功能。

2. 系统

这里有两个相关的概念：系统和模块。通常，可以认为系统是由多个模块组成。

（1）系统

系统泛指由一群由关联的个体组成的、根据某种规则运作的、能完成个体元件不能单独完成的工作的群体，呈现出来的是"总体""整体"或"联盟"。

系统的几个关键点如下。

1）关联：系统是由一群有关联的个体组成的，没有关联的个体堆在一起不能成为一个系统。

2）规则：系统内的个体需要按照指定的规则协同运作，而不是单个个体各自为政。规则规定了系统内个体间分工与协作的方式。

3）能力：系统能力与个体能力有本质的差别，系统能力不是个体能力之和，而是产生了新的能力。

（2）模块

软件模块是一套相互独立而又紧密关联的程序单元的组织。它分别包含了程序和数据结构两部分。现代软件开发往往将模块作为总体合成的单位。模块的接口表达了由该模块提供的功能和调用它所需的元素。不同模块是可能被分开编写的，这使得它们可被重复使用，也允许人员同时协作、编写及研究不同的模块。

从逻辑的角度拆分系统后，得到的单元就是"模块"，划分模块的主要目的就是职责分离。当然划分的方式有多种，可以按照逻辑功能来划分，例如将一个财务系统划分为登录模块、报销模块、借款模块、审批模块等；也可以是基于物理硬件来划分，例如可以划分Nginx 服务器、Web 服务器、MySQL 服务器等。

在网络 DevOps 平台建设中提及的系统，主要是指以往的那种单体式系统，也就是完成一类专业性较强功能的软件，比如常见的人力系统、财务系统，或者匹配某个具体场景的某某自动化系统等。

在网络 DevOps 平台中，保留了模块这个概念，网络 DevOps 平台上的模块，与具体业务场景和业务逻辑无关，为各类应用提供通用能力的功能组件均被定义为功能模块。例如，在提供对外沟通的能力时，用来编辑邮件、微信、钉钉和短信等信息交互的通知模块就是功能模块。在后面的学习、设计和实施中也会了解到，模块会对应着不同的业务中台或者数据中台。

而功能模块的各种能力，将在具体应用的开发和运行时被调用。

3. 平台

平台是企业在 IT 能力建设过程中，为了解决公共模块重复投入和重复建设的问题，将公共能力和核心能力分开建设，形成的与传统单体式系统不同的软件能力。

平台化思想在以用户为中心的现代商业竞争中，赋予并加强了企业的最核心能力——用户响应力。它鼓励企业不断抽象沉淀自己核心的底层能力，并通过平台化包装，更好地赋能前台业务，用底层的确定性，来帮助企业应对前台业务以及最终用户需求的不确定性。

平台的特征很多，仁者见仁，但在网络 DevOps 平台中，所关注的是如下三个特征：

1）吸附效应：平台会不断地吸收中小型的工具，逐渐成为一个能力集合体。

2）规模效应：平台的成本不会随着使用方的扩展而线性增加，因而能够实现规模化。

3）积木效应：平台具备基础通用共享能力，能够快速搭建新的业务实现。

网络 DevOps 平台就是各类网络运营应用的承载平台，就是"通过搭台子，让应用来唱戏"。平台就像春节晚会，应用就像节目。平台负责提供场所、机会，进行宣传，吸引用户，提供演出的道具，以及节目的评奖。一台成功的春节晚会，就是通过平台组织的能力，来将不同类型节目汇聚一堂，满足观众的差异化的需求，这也是"通过可复用的中台能力为上层所有应用提供服务"的初衷。

为了概念上的统一，将前面说到的几个名词用图 2-1 表示。

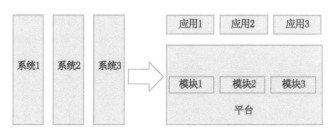

图 2-1　平台、系统、模块与应用

2.1.2　网络 DevOps 平台的定义

网络 DevOps 平台是具备灵活的定义和编排能力，高质量、高效率、低成本地实现网络运营全生命周期闭环管理，最终实现业务价值快速交付的网络管控平台。

这个定义有以下几个关键点。

1）需要遵循网络 DevOps 的文化要求和角色定义规范，不能按照传统的网工和开发那种分离的组织和角色安排进行运营和维护。

2）网络 DevOps 平台要能够支持应用开发。这里的应用开发类似于在苹果平台和安卓平台上进行应用开发，允许网络运营人员即网工根据实际生产活动的工作需要进行应用的开发、部署和发布。

3）平台能够承载网络运营所涉及的规划、资源、建设、运营、变更等全生命周期的流程、数据和规则，并在一个平台上实现闭环。

最终的价值体现就是实现基础设施、各类资源和网络能力等对业务的快速交付和高质量运维。

2.1.3 网络 DevOps 平台的特点

1. 具备灵活、可扩展、可靠的平台能力

(1) 中台能力的引入

中台的定义是"企业级能力复用平台"，网络运营不同环节、不同场景，其实有很多可以抽象的业务能力，将这些业务能力通过中台引入网络 DevOps 平台加以复用，可以减少重复开发，为更多的运营场景赋能。

(2) 具备自定义能力

不管是通过低代码形式的拖拽、前端编辑方式，还是通过简单的代码或者标记语言编辑，最终都可以根据网络运营活动的实际规则与具体流程，实现能力的灵活定义和编排，相应地，也能随着流程的优化或者调整，快速地实现优化迭代。

(3) 平台治理能力

网络 DevOps 平台的本质是统一运营平台，运营平台的一个关键要求就是可靠。应用开发不能是随意随性而无法管理的，应用的运行必须是可视、可管、可控的，因此平台本身也必须是有监控、反馈机制的。平台治理能力，在网络 DevOps 平台中相当重要。

2. 具备云网融合下的一体化管理能力

(1) 传统的物理网络管理

1）广域网络管理："网络规模不断扩大，网络也越来越复杂"——这是我们经常听到的一句话。扩大扩大，规模扩得再大也大不过广域网——广域网指的就是**连接不同地区局域网或城域网计算机通信的远程网**。广域网主要由传统意义上的通信运营商（如海外的Orange、Verizon、Level3，国内的中国电信、中国移动、中国联通等）负责运营。当然，云服务运营商或者大的互联网公司也会构建自己的骨干网络，用以连接不同区域内的机房。

2）IDC 网络管理：现在大家更喜欢把 IDC 的机房、电源及机架、服务器、网络和出口带宽等打包成一个整体的概念。如果具备独立和隔离的机房、电源、网络等基础设施，在遇

到非地域性事故（如地震、城市级停电）时，可以实现故障的隔离。对网络 DevOps 而言，当然关注的是其中的 IDC 网络部分，比如大家都比较熟悉的、由各级交换机遵循 clos 架构将服务器流量进行接入和汇聚的 DC 内网络。不过，新的架构在不断涌现，IDC 网络管理的对象及其内外延都有变化；并且根据团队职责的划分不同，或者考虑到管理视图的延展性，IDC 网络管理也可能包括对服务器、机房甚至上层应用的延展管理。

3）企业网网络管理：这里的企业网主要是指通过自建机房或者租用商用 IDC 的服务器所构建的企业内部网络。传统的大型企业在没有实施云迁移之前，一般都会采取自建机房的方式来搭建自有的企业网，并在企业网内部署自有的 IT 系统。虽然目前云计算已经相当普及，很多企事业单位都在加快将其内部网络迁移上云，但基于安全隔离的考虑，仍然会有很多重要系统及网络，采取既互通又隔离的模式，通过企业网关与云上平台（系统）或者互联网进行连接。

（2）云网络管理

1）私有云：私有云往往是为单一客户独立使用而构建的，因而对数据、安全性和服务质量能实现有效的控制，也就是说，企业拥有自己的基础设施，并可以在此基础设施上部署应用。私有云既可以部署在企业数据中心的防火墙内，也可以将它们部署在一个安全的主机托管场所，私有云的核心属性是资源专有或资源独占。私有云的优势是其安全性和隐私性，可以通过定制算力解决方案来具体实现。私有云可由公司自己的 IT 机构自行建设，也可向云服务提供商采购。相应地，用户对私有云的管理也有两种方式：自己管理，或交由云服务提供商代管。前者可以购买云服务提供商或第三方的配套管控产品或者使用自研的管控平台，后者可以直接使用云服务提供商的通用管控平台，通过定义不同的客户或者不同的 zone 等方式实现管理。由于不同的用户管理侧重点不同，不同的用户方承载业务也不尽相同，在管控上也就自然会呈现很多个性化的要求，但不管是哪种方式，都可以基于网络 DevOps 平台，构建更多个性化、可扩展的管控能力。

2）公有云：公有云的云网络管理同样非常复杂，既有 Overlay 网络，也有 Underlay 网络，既有单一资源池模式，也有大 Region 多可用区（Available Zone，AZ）的场景，既有云边协同，也有边边协同等。比如在虚拟专有网络（Virtual Private Cloud，VPC）这类的环境下，无论是性能监测还是故障定位等，都需要 Overlay 网络与 Underlay 网络共同配合、协同操作。对于公有云的网络管控，采取网络 DevOps 平台模式非常适合，既可以先建设物理网络 DevOps 平台，然后通过公有云来调用物理网络 DevOps 平台的能力来实现，也可以将公有云的网络相关业务与物理网络共用同一套 DevOps 平台进行管控，从而实现界面、流程、数据、决策等方面的真正融合。

(3) 其他类型的网络

提到网络，不同人的视角和认知是不一样的。对移动或者宽带接入的互联网用户而言，网络就是从其接入互联网的终端一直到达其访问应用的通道；对承载的业务而言，网络就是底层的"IDC+服务器+物理网络"；而对传统网工而言，就是以 TCP/IP 为基础的接入网、城域网、核心网……

其实按专业细分，还会有传输网、移动承载网、移动核心网等，未来还可能存在由其他技术引入的各类网络。但是，只要掌握了业务分析、业务领域划分和中台设计的方法与思路，将新的网络层次、类型和已有网络所有问题域进行重合度识别，那么在同一个平台上实现扩展并不是难事。

3. 能满足行业从业者不同角色的要求

(1) 网络工程师

网工是网络 DevOps 平台的直接用户。网工的诉求很直接、很单纯：减少工作量，同时减少不必要的失误。但以前那些小工具的方式，开发成本高、维护成本高，并不是一种可持续的方式。

同时，以网络 DevOps 为契机，网工在掌握 Python、JSON 等基本的语言、规范后，逐步深入，进而了解软件架构、微服务、数据库、存储、大数据，了解一些开源的前端框架、组件，随着眼界的拓展和技能的提升，网工后续的职业发展会有更大空间。

(2) 平台研发工程师

对于以往那种单体式系统，研发人员在经历过设计、开发到部署落地等过程后，会逐渐成为这个系统覆盖领域的专家，但过于细分的领域，也同时会造成相关知识的碎片化、无关联性，因此如果需要系统性地描述业务或者某个领域的全貌，研发人员就比较难做到了。

一般来说，在网络 DevOps 平台的开发上，往往会存在两种认识上的误区。

1) 过分区分平台与应用。有的研发人员认为网络 DevOps 只是个平台，没有直接切入应用开发，无法体现个人价值。其实在这个平台所获得的更多的是中台能力，既需要充分支撑前台，也需要和后台现有系统充分协作；既需要找到眼下前台各类业务线的重合点，也要考虑对未来业务的支撑扩展，非常有挑战。

2) 将平台研发和应用开发混为一谈。研发人员跟随单体式系统建设会逐渐成为一个领域的专家，但对平台研发的重心如何把握未见得吃得准。从中台+应用的架构角度来看，平台研发的重心首先就是如何打造可用、好用、稳定的平台，但如果总是纠结于如何对业务的流程和操作进行优化，就走偏了。然而现阶段这样的例子却屡见不鲜，比如我们会经常看到研发人员和运营人员为了一个流程上的环节先后问题争论不休。

网络 DevOps 平台的设计与建设，一方面可以让研发人员从全局的视角去认识网络运营，理解网络运营的方方面面，跳出以往单体系统所覆盖领域知识的局限性；另一方面也能提升研发人员的架构意识，提升自身的抽象、提炼能力，进而从"码农"向架构师逐步发展。总而言之，研发人员会在这个过程中受益匪浅。

（3）团队管理者

管理者最关心的是对上层业务的服务和支撑是否到位。以往业务如果需要网络提供一个服务或者接口，可能需要 3 个月到半年的排期，而通过网络 DevOps 平台，一个星期左右就能封装和提供出来（快速响应能力），进而有效支撑公司前台业务的发展。

从运维型团队到运营型团队再到研发型团队，随着平台建设，同时兼顾网络技能与开发能力的人员比例越来越高，具备网络领域知识的数据分析师或数据科学家也会从团队内部诞生和成长起来，团队的研发人员越来越具备架构意识，这肯定也是团队管理者非常希望看到的。

（4）业务方

业务方（即网络上承载的各类应用）所关注的就是对底层基础设施的可感知，同时，将基础设施的技术和能力以服务的形式快速提供，也可以满足业务方对用户服务的进一步需求。

2.2　网络 DevOps 平台的作用

近年来，互联网技术快速进步，各类新技术层出不穷，特别是云计算的出现，不仅给网络承载提出了新的要求，人们对网络管控的关注点也随之发生改变，网络运营平台的发展也日新月异。本节内容将探讨网络 DevOps 平台是如何帮助我们适应技术发展和需求变化，以及如何满足网络管控所提出的新要求。

2.2.1　降低网络技术发展带来的平台重构风险

相较于软件架构和软件技术的快速创新更迭，网络技术可以算是进入平稳发展期了。虽然一直有些新的特性和解决方案不断推出，但大多只是锦上添花，除非 TCP/IP 协议栈真的被推翻重构，否则整体上难以给互联网以及互联网管理带来颠覆性的变化。这个颠覆，短期内甚至是十年内，应该都不会发生。

可是以往我们常常看到的是，每当一个新技术推广部署到现网，要么新建一个与其单独适配的管控平台，要么重构以往的管控平台来支持……，于是平台2.0还没上线，3.0已经在筹划之中。

那么，到底有哪些网络技术可能会为网络管理带来改变而且已经被实践证明了？每每提及这个话题，网络交互、远程直接数据存取（Remote Direct Memory Access，RDMA）、软件定义网络（Software Defined Network，SDN）、网络控制器、可视化、设备白盒化等这些时下热门的技术，就会浮现在脑海中。分析这些技术给网络管理带来的要求，并在网络DevOps平台的架构中合理地进行规划和设计，就能有效规避平台不断地重构、再重构的风险。

1. 适配设备交互层不同技术与厂商

我们一直希望，简单网络管理协议（Simple Network Management Protocol，SNMP）、Syslog、命令行界面（Command-line Interface，CLI）可以成为真正的过去式。这些技术作为运营管控平台的一类入门级能力，它们在过去几十年里支撑网工们实现了对规模或大或小各类不同网络的管理。但这些技术在性能、效率、扩展性尤其是标准化方面存在局限，给可视化和自动化带来了诸多覆盖和适配等方面的难题。

BGP（BGP Monitoring Protocol，BMP 监控协议）、Xflow、NetConf、Google 远程过程调用（Remote Procedure Calls，gRPC）……，这些新的协议或者特性出现的背后，是网络协议专家们希望通过对传统网络协议的优化和扩展，不断提升网络信息采集的可靠性、及时性和全面性，提升对网元控制操作的稳定性、安全性。

与此同时，这些新协议或协议新特性，对于一些现实问题截至目前还没有做到很好的解决。比如 gRPC+Open Config 的出现，貌似解决了不同设备间差异化的北向接口问题，但由于实际推进进程和各厂家实现上的差异，私有下一代模型（Yet Another Next Generation Model，YANG）的封闭性依旧存在，使我们还不能放弃 SNMP 和 syslog。所以，一方面各大企业都想以各自的力量来推动标准化的进展和落地，一方面却又不得不面对当下与未来如何兼容等问题。

网络DevOps平台以可扩展为目标，因此，一方面通过更加精细的分层，将现有采集控制层包含业务逻辑的其他能力尽可能地抽象出来，例如数据传输、规则定义等，使得采集控制层的功能更为单纯，更关注如何兼容不同的协议、方式与设备；另一方面，通过以终极态为基线，配合其他手段向前兼容，在设备北向接口的采集控制能力上，可以实现以下特性。

- 厂家无关性。
- 数据结构化。
- 基于统一模型的运维能力。
- 高效数据传输。
- 安全可靠的数据传输。

设备交互层即采集控制层的发展方向如图 2-2 所示，即将纵向的设备控制+数据处理+应用，或者设备采集+数据传输+数据存储+应用的烟囱式结构，发展为采集+控制，数据传输+存储+处理，及应用的分层式结构。

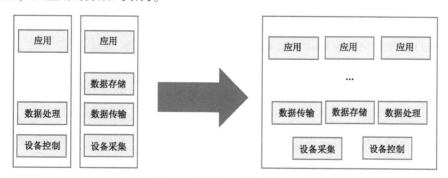

图 2-2　设备交互的发展方向

2. 更灵活的 SDN 与网络控制器实现

每每说到这两个概念，就会想起某次和研发同事的一次讨论：当时考虑到不久就要引入分段路由流量工程（Segment-Routing Traffic-Engineering，SR-TE），因此提出是否要提前开始储备一些控制器的知识和人员……结果研发同事回答了两句话：

没问题，我们现在都用微服务，控制器很容易实现；我当年就写了一个端口隔离的 SDN 成功案例。

这两句话着实引起了激烈的讨论，主要集中在以下两个问题。

- 所说的案例，究竟是不是 SDN？
- 所说的控制器，和业界所说的控制器是不是同一个事情？

为回答这两个问题，我们先来回顾一下 SDN 诞生之初所定义的三大关键要素。

- 第一关键要素是转发和控制分离，控制成为网络操作系统中一个相对集中的逻辑功能。

- 第二关键要素是 Openflow 协议，它向交换机传送转发表，交换机依此转发报文。这种做法与传统网络完全不同。
- 第三个关键要素是具有一致性的全系统范围的网络操作系统可编程接口，从而让网络实现真正意义上的可编程或者软件定义网络。

从这三个关键要素来看，一条通过集中控制器下发给设备的操作命令，并且通过编程实现了某种业务逻辑，即便只是一个非常简单的业务逻辑，即便是自闭环的硬代码实现，从某种意义来说，这也是一种 SDN。

控制器是 SDN 的灵魂，作为控制与管理平面的开发及运行平台，控制器至少应该具备以下几个特点。

- 灵活性：控制器必须能容纳大量的各类型应用。
- 开发过程规模化：控制器架构必须允许插件、业务组件、应用能相互独立进行开发与集成。
- 组件的运行时安装与卸载：控制器必须能够在运行时安装新的协议、业务及应用插件。
- 性能与规模：控制器应该能够在多样化的环境中，支持所承担不同的负载/应用运行良好。

但在现实工作中，我们往往容易把"集中控制"等同于控制器，只要是集中控制的，哪怕只用于实现单个场景单个功能的多个网元，就叫控制器，以至于一个团队里，搞出来几十个平台和几十个控制器，一个应用对应着一个控制器，维护起来苦不堪言，不管是研发人员之间的备份，还是故障时的定位，会随着控制器规模的不断增加而越来越复杂。如果说真正的控制器应该具备的是"大脑+小脑"的能力，那么刚刚所描述的这类控制器，大多只具备"小脑"的能力，只是起到一个传递信息、指挥四肢运动的作用。

同时，在网络 DevOps 平台的建设中，不可避免地要考虑对现有以及未来一系列控制器的兼容问题，可以借助以下思路，将各种控制器的能力平滑地集中到平台中。

首先，SDN 和控制器并没有引入新的管控协议或者技术，而是以传统的网络协议和基于超文本传输协议（Hyper Text Transfer Protocol，HTTP）的远程过程调用（Remote Procedure Call，RPC）或者 restful 为主，因此并不会给管控带来更大难度。

其次，在网络 DevOps 平台的实现中，可以将控制器当成技术中台的一个组件，将所有的数据、操作等都封装成北向接口或者注册成微服务，向上提供给更高层面的网络应用进行调用，从而让网络 DevOps 平台平滑地实现对 SDN 的管控和支持。当然，这个思路的前提是首先要把现在基于控制器实现的一些应用剥离到统一的应用层面，让控制器只作为控制器。

对不同采控协议的支持，或者对面向不同网络层级（如数据中心网络 DCN、数据中心互联 DCI、外网）、面向不同网络对象（IP 网络设备、传输设备、服务器等）的支持等，都可以采取"插件化"的形式，在一个控制器框架中来实现。

最后，"微服务"更多是用于支撑控制器的插件化的一种技术架构。在后面分析平台的技术架构时，也建议以"微服务"作为一种选择。

网络 DevOps 中的控制器如图 2-3 所示。

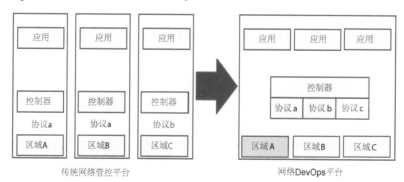

图 2-3　网络 DevOps 中的控制器

3. 有利于可视化的实现

实现可视化，向来是网络运营工作的刚性要求，也是最基础的要求之一。

传统的可视化，侧重在实现网络本身的可视化，比如拓扑可视化、流量可视化、告警可视化等。需求上更多的是基于 SNMP、CLI 等协议，对需要查看的信息进行周期性采集、汇总，并用直观的方式展示出来。受技术影响，之前的可视化，无论在精度上、性能上还是其他方面，呈现得都比较有限。以流量可视化为例，Netflow、Sflow 等协议由于受限于采样比、设备性能等因素，只能尽力而不能完全真实地对报文的流量和状态进行反映。

现如今，业务对网络承载质量的要求越来越高，网络可视化也从关注网络本身延展到关注业务上来。一方面需要关注网络上承载的上层业务的聚集、业务的走向以及业务的关联等；一方面更强调对业务的端到端统一视图呈现。同时，还要求可视化能力向互联网数据中心（Internet Data Center, IDC）内部的更深层次进行延伸、部署，像最近几年常被提及的带内网络遥测技术（In-band Network Telemetry, INT）、丢包监控/镜像（Mirror/Monitor on Drop, MOD）、封装远程交换端口分析（Encapsulated Remote Switchedport analyzer, ERSPAN）等技术，都是为了满足这些需要而研发的。

在网络 DevOps 平台中，与以往单体式系统将可视化作为应用有所不同，可视化的能力只是一个基础能力，是后面要提到的中台架构中的可复用能力之一，可以根据不同场景的需要，被不同的应用来调用，如图 2-4 所示。

当然，可视化的底层数据存储和分析也异常复杂。随着可获取的数据不断增加，其所支撑的分析粒度可以更加精细，因此需要更多的底层计算和抽象。但是所有这些，交给网络 DevOps 平台去实现就好了。

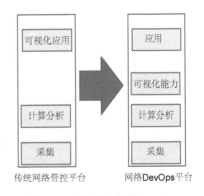

图 2-4 可视化在网络 DevOps
中的位置变化

4. 支撑设备白盒化的落地

设备白盒化现在可谓是非常火爆，而且当前各个互联网大厂都铆足了劲儿在推动自研交换机的研发与规模部署。不论是 Sonic 还是 xxNOS，除了支持传统的协议之外，自研交换机在管控方面都更加重视软件化、开放性和标准化。无论是减少对传统 SNMP 和安全 shell（Secure shell，SSH）的依赖，提供基于 gRPC 框架的运维接口，还是对 YANG 模型的标准化支持，对运维各种采集、上报、下发等操作的全面覆盖，以及对精度、性能等方面的提升等，都在自研交换机的操作系统中得到了更好的实现。

自研交换机还可以通过 INT、ERSPAN 等技术，实现对流量转发的路径可视化和时延可视化的支持，从而弥补 Xflow 技术在 DC 内对采样支持不佳的不足，为数据中心内的端到端可视化提供了解决方案。

当然，设备白盒化必然也对管控提出了新的挑战。首要的就是在支持了新协议、新技术以后，如何与商用设备在一个域内统筹管理，解决好白盒不支持 CLI、NetConf 不支持认证、授权、计费（Authentication、Authorization、Accounting，AAA）协议等实际问题。很多情况下，大家觉得直接做一套专门针对白盒的管控最简单明了，但这样，就会又回到老路上来，相关工作势必又会在以前的 N 个平台基础上翻倍。

同时，如果只是简单地把自研设备视为一个设备厂商的商用产品来对待，传统的运维工作方法可能非但提升不了效率，甚至在故障定位等场景下将面临更为复杂的局面，相应的耗时也会更长。所以，我们必须要拥有一些能力，将运维管控的触角向"盒子里面"再延伸一些。

所以，网络 DevOps 在常规的运营生命周期管理中，一方面会采取与商用设备无差异的方式来实现各类场景，同时会通过上一节提到的控制器插件的方式，实现对"盒子里面"尽可能多的管理，然后再通过深层次的抽象，将这些能力提供给中台或者应用层。

2.2.2　满足云化发展下的管控需求

随着云计算的热度和成熟度不断提升，"All in Cloud"的概念随之而来。而作为底层的基础设施之一，网络所面对的不仅是常见的物理服务器集群、宿主机集群、各种交换机和路由器，还有各种定制机、虚拟机、容器及云化、虚拟化后的网络设备等，传统的硬件网卡也正在被定制化智能网卡所替代。

1. 云产品对网络的要求

一方面，不同云产品对基础设施的要求存在差异，例如基于结构化查询语言的（Structure Query Language，SQL）关系数据库的同步时延要求，云盘对低输入/输出（Input/Output，IO）时延的要求，计算集群对高吞吐的要求等。云产品所服务的具体客户应用不同，也必然会对基础设施即服务（Infrastructure as a Service，IaaS）层面，包括对资源池的内外网络承载提出更加差异化的质量要求。

另一方面，相关云产品的出现，对网络自身的管控也将带来挑战。

以 VPC 为例，VPC 是一种云产品或者云服务。客户可以根据自己的需求，在云上的主机之间、云上云下的网络之间，搭建起自己的云私有（专属）网络，一般称之为 overlay 网络。不管是 VPC 云主机还是 VPC 连接，当端到端业务链路的一端处于云上时，业务本身的监控、流量分析、故障定位和恢复，都要比单纯的物理 underlay 网络复杂得多。要做到云上云下一体化管控、云网端到端综合分析、采集信息的准确传递和操作影响的统筹评估与实施管控等，都需要更多维度的计算与分析能力。

再比如内容分发网络（Content Delivery Network，CDN），作为一种典型的云网融合产品或服务，CDN 可以实现云与网的加速。CDN 对基础物理网络的流量流向影响很大，通过 CDN 层面的调度，可以隔离和改变物理网络路由配置对流量的控制，但这样会导致网络路由策略的规划与实际流量走向不相符，因此对网络层面的控制也提出了新要求。

网络 DevOps 平台具备平滑的可扩展能力，能够很灵活地将物理网络采集控制以及应用扩展到云的领域，再叠加云本身所关注的一些数据或者应用，进而实现了网络管控能力的"云更新"。

1）高度关注不同云业务以及云上应用的网络质量情况，并根据质量数据及时快速地做出差异化的调整。

2）将自动化配置开通和维护等能力延展到虚拟连接，实现云网一体化端到端管控。

3）通过网络数据与业务数据充分融合的复杂分析，实现更加精细化地流量调度和流量可视化。

2. 云技术对网络管控的影响

毫无疑问，云技术本身必将给网络 DevOps 平台的设计带来改变。

首先是云原生。云原生的提出，使软件从诞生起就生在云上、长在云上，这也是在设计网络 DevOps 平台的技术架构时必须要考虑的一点。

举个例子，Docker 的出现，不仅仅意味着出现了一种虚拟化技术或者容器技术，更重要的是，它可以驱动平台层的设计模式发生本质上的变化：因为启动一个新的容器实例成本极低，这将鼓励设计思路朝"微服务"的方向发展。在没有容器的情况下，部署一个单体式系统，一般都会集成在一台或者几台服务器里。而有了容器技术后，就可以将一些通用的能力抽象出来，并且将这些抽象的功能按照服务的方式进行设计和部署，这样就可以避免后续扩展时出现重构和相互影响。

2.2.3　支撑网络管控关注点的变化和升级

网络承载业务的多样化和新的承载要求不断涌现，必将伴随着网络管理能力的不断沉淀，以及网工自身专业能力和技术的不断提升，因此，在网络的运营管理上，大家的关注点已然发生改变。

1. 从关注告警到关注处理

大家都知道，如今，1 分钟甚至 10 秒钟的互联网主营业务不可用，对一个网站、APP或者公司都意味着重大灾难，舆论、索赔、离网接踵而至，因此，当前一些关键业务对基础网络不可用时长的要求往往都是秒级。

而且，一旦出现了异常，即便是技术最精湛、业务最纯熟的网工，登录设备，定位故障点，再叠加操作后的路由收敛时间与业务收敛（如业务层面的重连、重试）时间，一系列操作下来，业务不可能在 3~5 分钟内就完全恢复，也就自然避免不了被埋怨甚至被投诉了。

也许是出于对个人技术和经验的自信，也许是出于管理松散，总之一般情况下，针对同一个故障 Case，往往 10 个网工就会有 10 种处理流程。为了规范大家的操作行为，标准作业程序（Standard Operating Procedure，SOP）开始出现，对从起始到结束的每一步操作都制定了很详细的规范，提出了明确要求。但是为了更快地解决问题，一些网工在实际操作中，还是会有很大概率跳出 SOP 的要求和约束的。

由于大家都是责任心超强的网络守护者，在一个告警或者故障发生时，免不了出现你、我、他一窝蜂同时登录设备去处理的情况，问题出现了，当多个人同时对同一台设备进行了写操作，便出现了你刚重启完我又重启，我正在执行策略下发时你却修改了路由，于是，指令重复、执行冲突……，不但不能在最短时间内恢复业务，还可能导致更大的问题出现。

而有了网络 DevOps 平台，不但可以将以往分散在不同平台上的故障发现、故障定位和故障恢复能力在一个平台中贯通和实现，还可以将各种运维操作的 SOP 线上化加以固化。一方面大幅提升执行的效率，一方面通过不可跳过的步骤对操作的规范性进行刚性约束，同时可以通过各类数据的沉淀和集中，形成运营团队的培训平台，不断提升团队整体的运营能力。

2. 从单纯关注运维到关注全生命周期管理

网络在创建之初，往往以"稳定性"作为唯一运营目标，确保提供给业务或者客户的是稳定可靠的网络。少出故障、尽快恢复是大家日常工作中的重中之重，但这个阶段还不是网络运营，称之为网络运维更为贴切。

伴随网络规模的扩大和承载业务的复杂化，网络运营在追求"稳定性"的同时，还需要兼顾"成本"和"效率"，因此，就需要对规划、建设、运维、优化等网络的各个关键阶段进行管控，并通过对网络全生命周期的过程控制和闭环管理，实现网络资源、设备资产等动静态数据完整性和准确性的全面管理。到了这个时候，就已经有了一些网络运营的味道了。

网络 DevOps 平台可以打通分布在不同团队的、处于运营生命周期不同环节的流程和数据。有了网络 DevOps 平台，一个项目从规划、立项，到招标、设计、建设、验收直至投产，不用再搭建各种名目的专业系统，任何变化都可以准确地传递到网络 DevOps 平台中进行呈现。

3. 从管理网络到管理业务

基础设施的价值最终需要通过所承载的业务来体现，基础设施的可用性、成本与效率等，最终也要通过上层业务来验证和评判。为了更好地衡量和管理这些目标，需要主动获取业务的必要信息，并将业务信息与网络信息进行关联，进而形成从业务到承载网络的全栈视角，做到主动规划、主动发现、主动分析、主动优化，更好地支撑业务的发展与用户的体验。这个时候的运营，已经体现了价值化，是真正意义上的网络运营。

（1）业务对网络的了解

网络通过 DevOps 平台形成的流程运转能力、自动化操作能力和数据服务能力等，都可以通过网络服务的统一界面（如服务商店）或者应用程序接口（Application Programming Interface，API）封装后提供给上层的业务。

业务不希望网络是个黑盒子。网络发生了什么，当前质量如何，所需资源是否能满足，诸如此类，林林总总，网络的相关信息是业务分析和决策的基础输入和重要前提。

但业务并不希望通过掌握太多的网络基础知识才能理解网络的信息和相关操作，业务希望网络能够提供和输出简单易懂、风险可控、通用平滑的能力。

需要强调的是：这里的服务能力是需要封装的——业务与网工在认识和需求上一定是存在差异的，因此不能简单地直接复制，而应该更加关注服务的自助能力和使用体验。

（2）网络对业务的深入

业务都有自己的应用监控系统，通过关注业务层面的 PV、独立访客（Unique Visitor，UV），关注 RPC 或者 API 调用的每秒查询率（Queries-per-second，QPS）和时延，可以快速地在业务层面做出响应及进行调度。影响这些指标的因素很多，其中真正由网络引起的可能仅仅是千分之一甚至是万分之一的概率。但就是这万分之一，网络也希望能够尽快感知，从而尽快自查、尽快排除。

同时，业务层面的应急响应和相关调度，也会对网络层面的流量流向产生很大的影响，并可能出现流量相互叠加或者互相抵消等情况，网络只有尽快感知，并随之做出调整，才能避免网络层面的拥堵、异常，从而保障业务层面的调度真正有效。

而有了网络 DevOps 平台，就可以将业务层面的告警、业务量变化、流量等信息，以及业务层面的响应、调度等，作为一类重要的数据源进行接入，并在规划、运维等环节统筹分析，进而无缝纳入到故障发现、故障定位、统筹调度等运营应用中。

2.2.4 促进网络运营行业和从业者的转型进步

1. 促进行业转型

谈到网络运营行业，运营商和互联网大厂总是绕不开的话题。

在 5 年前，运营商绝对是网络管控平台的领先者，毕竟有着多年的大规模网络的运营经验。从引入分厂商的专用网管到融合多厂商的综合网管，运营商无疑做了很多探索，也有很多积累。

随着云和 SDN 的发展，运营商正在推进云网一体化工作，强调云网融合，强调支持灵活编排，强调支撑系统的智能化，同时，在运营商的网络规划中，也越来越强调网络管控平台的配套和演进。

互联网大厂在网络管控平台上虽然起步晚，但是速度快，当然这个更多得益于互联网公司雄厚的开发实力。人员年轻，有规模，学习和创新能力强，也使得互联网公司成为网工自主开发的领头羊。

不论是运营商还是互联网公司，他们的具体实践都折射出整个网络运营行业正在不断发生转变，从狭义的网络运维，到广义的全生命周期运营，再到更高业务视角与引入自研能力的全栈运营，整个网络运营行业已悄然形成共识。

网络 DevOps 平台，将是行业转型的新实践，它必将随着网络运营的不断演进，平滑地衍生出更多维度的能力，助力行业转型成功。

2. 促进从业者转型

以往对网工进行业务培训时，常常会结合网工的几种转型方向，包括开发工程师、系统架构师、产品经理、业务架构师、数据分析师等，针对性地进行课件的组织。因为这些从业者，都是网络 DevOps 平台建设、应用和维护中不可缺少的角色。

从目前现状来看，网工向开发工程师转型的比例是最大的，进程也是最快的，在有些团队中，会基本开发语言的网工比例甚至已经超过了 60%，而且呈现出队伍越是年轻化比例越高的趋势。

而以往只关注写代码的平台研发人员，在强调架构思维、抽象中台能力和致力团队协作的过程中，将系统掌握平台架构的设计思路和方法，也必然产生出各种级别的软件架构师、业务架构师、技术架构师等，团队的人员能力模型必将得到进一步充实和完备。

2.2.5　推动网络管控向标准化、集约化和开放化演进

从全行业的技术和关注点变化可以看到，网络 DevOps 平台必将推动整个网络管控向标准化、集约化和开放化演进。

1. 网络管控的标准化

网络管控的标准化有三个层面，分别是不同厂家设备之间的标准化、数据格式的标准化和不同交互协议的标准化。从目前的技术发展来看，这三个层面的绝对标准化是无法实现的，但是，可以通过网络 DevOps 平台的各种建模、适配能力，向上层运营应用及承载业务提供相对标准化的服务与能力。

1）设备间标准化：通过网络 DevOps 平台的建模和适配，不管是新型号新版本的设备入网，还是诸如白盒交换机的引入，都不会对运营应用造成影响，运营应用几乎不需要重新开发和修改便可直接适配。

2）数据标准化：同时，网络 DevOps 平台标准化、结构化的数据格式，可以为网工提供易读、易管的网元控制能力，像可扩展标记语言（eXtensible Markup Language，XML）、JavaScript 对象标记（JavaScript Object Notation，JSON）等简单易理解的标记语言，不仅能为网工提供尽可能多的自定义能力，而且更易于阅读和理解。

3）协议标准化：通过网络 DevOps 平台的底层适配，可以实现运营应用对底层协议变化的无感，即便随着后续技术发展还会引入新的网元交互协议，也可以通过底层适配实现对相应变化的屏蔽。

2. 网络平台的集约化

集约不等于集中，在一个平台上堆积几十上百个"平台"也只是集中，网络平台的集约化就是为了实现更好的降本增效控风险。为了实现集约化的目标，端到端的全流程自动化、转发控制分离后的统一控制和全栈视角的业务运营就成为业界关注的重点。区别于解决单个场景、单台设备、单个问题的自动化解决方案（更多情况下叫它们工具），端到端的全流程自动化要求对全网进行联动并覆盖网络全生命周期。因此，除了解决网络问题本身，后续处理的跟踪管控，处理过程的存档及分析，都可以通过网络 DevOps 平台来实现，一切可能自动化的点全部都可以实现自动化。

同时，随着规模发展及承载业务的不断变化，网络已经不再是一张"纯粹"的网了，向下，要对接基础设施中的 IDC、服务器；向上，要联动自身承载的云产品、客户应用。借助集约化的网络 DevOps 平台，可以将所有的基础数据、事件流转、异常判断、故障处理等，作为一个整体来分析、判断和处理，而不是先决策，再对齐。

3. 网络服务的开放化

网络从专用网（如以往的 DDN、FR/ATM）演进到互联网后，开放已经成为其典型特征。今天的网络运营，无论是在思维、技术还是实践方面，都必须要主动拥抱开放，比如人们津津乐道的 gRPC，就是当前技术方面主动拥抱开放的杰出代表。同时，在网络 DevOps 平台的搭建过程中，也会将软件领域的 Flink、微服务等一些成熟的框架引入进来，并将这些能力封装后开放给网工。对网工而言，这些框架的使用可以信手拈来，再也不用面对之前那些隔离的、封闭的"网管黑盒子"了。

再有，协议方面更多地向 C/S 模式发展，那些开放的并在软件领域广泛使用的协议已经成为主流，如今网工们所抛弃的，正是网络设备私有的 SNMP、Netflow 等。

另外，就是应用开发的开放性，因为网络 DevOps 的一个重点就是"运营即开发"。当然，这里的开发更偏重于应用开发，即向运营人员（其实就是网工）提供更低开发成本的应用开发能力，让运营人员根据生产需要随时开发、修改和优化迭代运营应用。一句话，把网工当应用开发者就好了。

最后，平台可以帮助我们实现网络服务的开放化。比如将应用形成的能力商业化、产品化，可购买，可二次开发，可服务集成化。同时，借鉴互联网行业的主动服务意识，通过服务中产生和沉淀的各类数据还可以做进一步地分析、挖掘和反馈，从而实现服务价值和使用感知的迭代提升。

2.3　网络 DevOps 平台的历史形态

网络 DevOps 平台是运营管控平台随网络和软件技术发展到今天的产物，那在它出现之前，网工们是如何管理网络的呢？让我们回顾一下网络 DevOps 平台的历史形态，将有助于更深刻地理解为什么要引入网络 DevOps。

2.3.1　脚本型小工具

小工具是网工们的聪明才智在"低生产力"阶段充分发挥的典型体现。当各种重复工作压得网工不堪重负时，网工的潜能被充分激发出来，毕竟都是通信专业或者计算机专业毕业的高才生，谁还不会写几行代码呢？

于是各种五花八门甚至奇形怪状的小工具就出现了：基于 Python 的工具或者函数，实现设备的批量登录、命令下发、回显和数据结构化提取；对于更为复杂的应用场景，则通过脚本写入各种 if…then…else 之类的判断逻辑，以便把各个单一命令串接起来，满足不同场景的需求。

首先，这种方式有一定的优点。最明显的就是场景实现要比自研平台更快。一个场景的落地，由一个有熟练代码能力的网工独立开发，可能一周左右的时间就能搞定。而且，在短期内比较好维护，特别是对开发者本人而言，执行和使用上有什么问题可以直接排查直接改，因此在开发、迭代和维护效率上，往往比自研平台更高。

但缺点也是不少。首先是时间一长，脚本可维护性差、规范性差、难以沉淀的问题就暴露无遗。因为大家都是为满足各自需要而开发，没有统一的管理，缺乏代码语言和注释方面的规范，缺乏版本管理。当另一个人面对新需求时，即便是实现同一能力，也很有可能因为个人习惯不同、对已有代码理解不同，或是为了方便自己看得懂等原因而另起炉灶，开发新的小工具，造成脚本无序、重复、不好管理、不好查找。没有规范没有管理，自然也就难以形成可以不断传承和迭代的脚本仓库，"人一走，脚本废"成了常态。

而且网工毕竟不是专业"码农"，如果不从一开始就对脚本的命名、目录管理以及如何注释等进行规范化，从软件工程的角度对质量、发布和测试进行管理，除了脚本五花八门不好查找和难以维护外，往往最致命的就是容易出现业务逻辑错误，进而导致执行异常和难以定位的故障发生。

同时，由于缺乏代码的生命周期管理和权限管理，会造成极大的运营隐患。

即便在外购商业系统或者自研平台比较成熟的今天，因为觉得平台太慢、不好用，因为开发的速度无法满足业务发展需要，因为团队细分形成的各种"部门墙"导致的基础应用无法真正共享等，脚本小工具依然大有市场。

2.3.2 外购商业系统

对于资金比较雄厚的政府机构或者企业来说，选择外购商业系统的方案比较常见。外购商业系统的基本形式是将系统（习惯称之为"网管"）的整体开发外包给具备相关资质的专业公司，甲方负责提需求，乙方负责系统的开发、运营、迭代，而且乙方的一般做法是将软硬件打包后与服务一起进行整体交付。在过去的十多年里，这是一种主流的网管开发形态，是在企业或者相关机构没有自身研发团队的特殊背景下的产物，有它自己鲜明的优缺点。

先看看它的优点。

首先，外购商业系统往往非常专业。因为网管中的每一个功能需求，都是由一线网工从日常运营工作中发现和总结出来的，而不是基于产品经理或者研发人员二次理解的基础之上的设计，既能够解决实际问题，也符合运营人员的使用习惯。

其次，外购商业系统也是个能力不断积累的产物。甲方往往每年都会安排扩容，而且，出于对开发资源和投入成本的考虑，外购系统很少推倒重构。经年累月地不断在同一套平台上持续地积累和打磨，一些功能往往都已经优化过多遍了。

再次，稳定性从来都是对外购商业系统的核心要求。第三方提供的系统同商用网络设备一样，可用性都是招投标中的关键技术指标之一。而且，结合甲方自身网络、资源和业务等特点，系统往往会设计成多点甚至异地部署，系统的灾备能力也就得到了保障。

那么，外购商业系统又有哪些缺点呢？

排在第一位的就是碎片化或是烟囱化。在大型网络中，一般都会分层管理：根据地域或者职能的划分，将一个大型网络进行横向划分，进而形成不同层次，如骨干网、城域网、接入网；根据专业用途、承载业务或者组网技术的不同，又可能纵向地划分出移动网、数据网、传输网、虚拟网等不同网络，随着网络被横向纵向的切割，就会相应形成各种网络管理面，越来越多各自独立的网管系统也就出现了，并被不同职能、不同权限、不同岗位的人操作和管理着。也许它们有大致相近的功能模块和视图样式，但是由于权限、流程、视图、数据都互不相通，一个跨网或者跨地域的业务开通，经常要切换多个管理系统，并协调多个组织的人串行参与处理，不仅时间长、沟通成本高，切换的过程中还可能出现参数选择错误等问题。

第二个缺点就是开发周期太长，不够敏捷。外购系统涉及资产和成本投资，所以它的建设和开发，一般是以长期甚至超长期的项目形式来组织的，还要进行大量的可行性研究，以及冗长的审批立项。对照开发模式来评估，这是一种典型的瀑布式开发，而且是一种跨越了很长周期的瀑布式开发。在这种项目形式下，一般是半年为一个迭代周期，半年对齐一次需求，半年进行一次开发交付。而且由于缺乏类似互联网公司的产品经理角色，只有人负责收集和汇总需求，没有人对需求进行抽象和收敛，动辄就是数十页的需求清单和说明，以及乙方更多篇幅的解决方案，一项一项从头到尾地依次做下来，半年时间已经算是比较高效的交付了。

第三个缺点是扩展性差。具体表现在：一是在网络架构分层调整或者新的专业网络出现时，受限于早期的系统建设模式，因此难以在现有的网管能力上扩展，只好再建一套新的管理系统；二是管理重心局限于网络自身，较少考虑到更上层的业务分布与承载，而在互联网时代，这恰恰又是最需要的；三是重呈现轻控制，为了更多地体现管理意图或是更好地展现，往往在系统中更多地强调对网络的可视化呈现，而把对网络的操作和控制交给人或者其他工具去实现。四是无法实现数据价值化，这也是向网络智能化演进过程中最大的障碍。因为是第三方开发的，包括数据库、数据存储都是第三方搭建的，存储哪些数据、分析哪些数据、存储多久、数据质量如何等，都不是自己可控的，更别提基于大数据来做智能化分析了。

第四个缺点就是运维难。网工没有参与开发，不清楚平台背后的软件实现。对网工而言，网管就是一个黑盒子，一旦发生使用上的异常，哪怕只是一个数据感觉不太对，都得联系开发人员处理，最担心的就是该出告警的时候，网管一切如常，网工却没有其他快速排查和定位的手段，只能回到登录设备的老路上来。对网管的不信任，就在这个时候慢慢产生了："那玩意儿不管用，还不如直接登录设备快"。

2.3.3 自研平台

自研平台是互联网大厂常用的模式，因为自身就是软件公司，掌握开发技术，完全有能力自研。

自研平台通常是以专项模式逐步搭建的：针对某个运营目标，启动一个专项，搭建一个平台，解决一个问题。平台不是目标，只是为了达到目标或者说指标的一个技术手段。因此，"快"、针对性强、关注自动化就成了自研平台模式一个"理所当然"的优点。

先说"快"。与互联网公司主流 APP 或内部平台比较流行的两周一个迭代的做法类似，自研平台往往也会两周左右发布一个版本，解决经过优先级排序后的高优先级需求与 bug。这样通过 3~6 个月的专项实施，一个能满足基础运维需要的平台也就基本成型，同时也通过平台实现了最初设定的运营目标。

而且，即便是推倒重构速度也很快。在互联网公司，当一个既有平台被判定为即使迭代优化也无法满足设定运营目标时，推倒重来就变成自然而然的事情了，当然，这种做法的前提还是谨慎和充分的评估。一个总是要重构的系统，必然会多多少少带来使用和体验上的改变，当然也不是网工希望看到和愿意接受的。

除了"快"，采用自研平台模式往往针对性很强。自研平台的启动，一般都与某些专项的安排有关，所以平台的功能通常会关注在某一类问题或者某一类场景上的解决或满足上，如告警监控，如变更管控等。这样一个特定功能平台的开发、迭代优化和运营，往往都由固定的几个人具体负责，在长期的沟通和运营中，开发人员会逐步深入了解和熟悉这个领域的业务知识。

与传统企业动辄全国千人规模的运营力量相比，互联网公司往往是靠几十人维护一个广度、深度及其承载业务的复杂度都不亚于运营商的网络。特别是 DC 网络，接入设备的种类和数量之多，使得互联网企业的网工必须更关注自动化的实现。到底关注哪些方面的自动化，关注自动化的哪些点，我们会在后文中做详细的介绍。但总之，自动化可以减少重复工作量，可以降低失误的可能性。

那么，自研平台模式又有哪些不足呢？简单来说，就是容易出现碎片化，稳定性不高，而且有时候也"慢"，而且会越来越慢。

大多数情况下，随专项建设开发的平台，都采用了从下到上的指标驱动的开发模式，因此，往往缺少从上到下的顶层设计，这也是不少大厂普遍存在的问题。

这类平台，看起来什么都有，但是由于专项是阶段性启动的，间接造成了很多纵向烟囱的出现（与传统企业的网络层级的烟囱有所不同，这里更多的是功能或者场景维度的烟囱），也就是我们常说的单体式系统。

既然是烟囱，就会存在很多底层技术、功能、流程以及数据上的重复，也会存在流程、数据、软件架构上的割裂。在极端的情况下，面对同样的网元，不同平台的部署与交互甚至连 Agent 服务器都是单独的。

互联网公司追求的是极致的"快"，所以与面向互联网客户的产品不太一样，这类自研平台一般在第 1 版甚至第 N 版的版本中，都是先着眼满足主要功能的落地，至于平台的稳定性就放在次要位置了，毕竟关键绩效指标（Key Performance Indicator，KPI）的目标放在那儿，先要满足了甲方的功能需求。

而且这类面向网元或者网络执行操作的自动化平台，每个平台在开发时都只有一个局部视角，即假设只有自己在操作，或者自己操作的优先级最高，这就极有可能出现多个平台都在同一时间或者同一时间段内与同一网元进行交互的情况，如果刚好碰上某些网络设备的软硬件 bug，可能有些网元就"不干了"。

随着自动化在各个领域和环节的不断推进，打通这些烟囱的需求会不可避免地产生。开放各种 API 成为新的需求。如果没有企业服务总线（Enterprise Service Bus，ESB）或者微服务之类的工具，估计开发人员不查源代码都不记得自己到底开放了多少 API 出去。

而且由于运营或者运维的场景复杂，即便是为了解决某个问题或者某类场景问题，如果平台在设计开发前没有进行这类场景或者这类问题的提炼和抽象，没有把通用性的（场景或规则）定义能力做成可开放给网工的功能，那就只好在每个场景都开发实现一遍，在大烟囱上再搭小烟囱。而且每个类似的场景，开发都要和网工把所有流程、节点全部梳理一遍，如果流程需要优化，还得再求开发人员去同步。此类的需求多了，加上不同运营团队或者不同人都认为自己的需求优先级是最高的，积压、SIBI、拖延的现象也就越来越严重了。

于是，随着烟囱和补丁越来越多，加上开发人员的流动，工作交接特别是代码交接成了常态。可是，我们几乎很少见到交接后的开发不抱怨前任的：这是写的什么啊，看不懂，维护不下去啊……，然后，重构成了唯一的出路。

2.4　网络 DevOps 平台的架构

在上一节中，对网络 DevOps 平台的历史形态进行了介绍，本节将重点对网络 DevOps 平台的架构进行介绍，毕竟是一个软件系统，自然有其系统架构。而且，在网络 DevOps 平台建设的起步之前，需要特别强调"架构"的重要性，希望从顶层架构的设计开始平台的建设，规避那些曾经遇到过的或者可能遇到的问题。

2.4.1　整体架构：业务架构、应用架构与技术架构

以往建设的那些单体式系统，往往是为了解决一些典型的业务场景，或者实现一些重要业务流程的线上化。对于这类系统，通常是以"数据"为中心，先把需要或者可能产生的数据及字段梳理清楚，然后通过关联的多张表，或者可能改变数据的流程将这些数据串联起来，最后再考虑数据采集、存储、应用等技术组件，从而形成一个系统的"架构"。

先简单回顾一下单体式系统建设时的通用"操作流程"，如图 2-5 所示。

图 2-5　单体式系统的设计过程

1）了解业务的需求，评估需求的合理性。

2）梳理业务需求围绕的主数据是什么，应该有哪些字段。

3）梳理数据流转的流程和可能涉及的关联数据。

4）以数据和流程为中心，设计产品模块。

5）开发设计具体实现中要用到的技术组件和表格。

既然网络 DevOps 平台解决的不再是一个或者几个独立的小领域的问题，而是要面向整个网络运营领域的所有生产经营活动，提供让整个运营团队的生产力和服务力全面提升的技

术手段，那么问题来了：

- 到底应该梳理哪些业务流程？
- 要梳理到什么程度？
- 是否还是按以往那种方式一个一个找需求人去梳理？

要解决这几个问题，在规划和设计网络 DevOps 平台时，首先要跳出单个系统、单个业务线的思路，要上升到"企业级"这个层面。对网络 DevOps 平台而言，就是要站在公司的层面来看整个网络运营领域。

因为是"企业级"的问题，所以要聚焦如何实现企业目标，平台要关注的是如何解决好网络团队管理层最关心问题——如何服务业务，实现股东价值。

因为是"企业级"，所以不能仅从现有业务入手，而是要从企业战略分析开始并结合业务发展需要，充分考虑未来架构规划对于整体企业战略落地的影响。

因为是"企业级"的问题，所以在规划设计平台的同时，要考虑组织架构也就是生产关系的问题，组织架构的合理性、角色岗位的完备性、对平台的建设与落地过程中的职责分工、资源投入等安排有着很大程度的影响。

因为是"企业级"的问题，所以必须要回归到业务这个本质上来，网络 DevOps 平台所要面对的是企业的业务全貌，甚至包括那些未来才会出现的而现在还不知道长什么样子的潜在的创新业务。

其实在以往单体式系统开发的时候，大家都遇到过一些问题：产品和研发只是被动地接受需求，并不真正清楚这么做的深层次原因是什么，更别提给出自己的建议和见解了。而提需求的网络运营人员把需求"扔"给研发侧以后，对系统软件架构、硬件部署就完全不关心，反正都是研发人员的事情，处于一种典型的"业技分离"状态。

到了研发的后期，这种状态就会造成更加严重和分裂的局面，运营会抱怨研发什么都不懂，要需求方把什么都整理得清清楚楚才知道怎么做；研发会抱怨运营需求总是在变，一些明显不合理的需求也提。其实这都是站在各自的视角来看待问题，业务和技术没有换位思考，也不理解对方的痛点和难点，隔阂和抱怨只会越来越多。

因此，前面提到的"到底该梳理哪些业务流程，要梳理到什么程度"，就与在业务架构设计时选择如何细分业务域相关了。在梳理需求时，不能总是停留在需求表面，而是应该进一步去探究需求后面存在的本质问题是什么。

网络 DevOps 平台定位为要去解决"企业级"的问题，通过平台来实现运营与研发的融合，实现技术与业务的融合，让大家都能在企业整体战略的主线上开展各自的工作，并真正理解彼此的工作。因此网络 DevOps 平台的设计过程就不再局限在某一个技术架构,而是要上升到企业架构看问题,要从业务到应用、技术进行系统架构设计并逐步拆分,如图 2-6 所示。

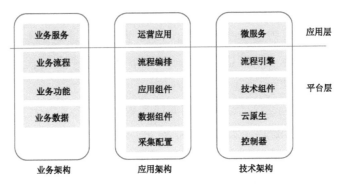

图 2-6　网络 DevOps 平台的整体架构

横向,将整体架构分为应用层与平台层,既实现应用与平台的解耦,也通过应用与平台的合作,体现网络 DevOps 的价值;纵向,需要按照"业务架构为起始,应用架构为桥梁,技术架构为实现"的思路进行对应和落地推导。

- 业务架构:从战略出发,细分价值域和价值链。
- 应用架构:从产品和功能维度,进行能力划分。
- 技术架构:承接应用架构,实现逻辑和物理的部署。

2.4.2　引入中台

网络 DevOps 平台是**最终支持业务价值快速交付的网络管控平台,同时也会支持 DevOps 的文化和角色定义**。因此,网络 DevOps 平台的目标并不只是消除烟囱、消除孤岛,其深层次的愿景还是为了实现对业务的快速响应,也就是应用和服务能力的快速开发落地。所以,网工应加入平台的应用开发之中,用运营研发协同的方式来实现平台的落地。

以此为目标,以前那种所有模块的业务逻辑都由研发硬代码实现的方式将不再适用;以此为目标,包括平台层和应用层在内的更多的可复用能力可以被识别、抽象和复用,不再重复开发;以此为目标,可以通过更多抽象的能力支持,将网工的经验快速转变成代码,实现网络服务的快速提供。

因此,需要在平台去重的基础上向业务进一步靠近,基于业务架构,在应用架构的设计中引入中台的思想,实现"企业级的能力复用"。

　　基于这样的思路,我们在网络 DevOps 平台的业务、应用、技术架构基础上,引入业务中台、数据中台和技术中台,如图 2-7 所示。从图中可以看到,在网络 DevOps 平台的应用架构部分,引入了业务中台和数据中台,在技术架构部分,引入了技术中台。业务中台的引入是为了实现网络运营场景的能力复用;数据中台的引入是为了实现网络运营数据的接入、治理和服务化;而技术中台的引入,则是为了给业务中台和数据中台提供更靠近业务、可灵活自助运用的技术组件。核心目的就是通过建设与业务贴近的、能力可复用的中台,实现网络与业务的进一步打通,同时推动网络研发运营一体化持续演进,支撑企业战略目标的落地实现。

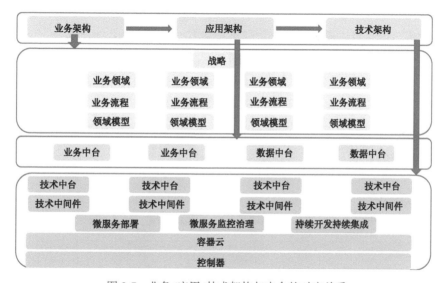

图 2-7　业务/应用/技术架构与中台的对应关系

　　那么,网络 DevOps 中台应该如何设计呢?建议至少将解耦、融合、组件化、可扩展和低代码等特性,作为平台的建设目标。

- 解耦:即要实现应用与平台的解耦。平台层不应该有太多的业务逻辑,也就是轻业务、重能力。
- 融合:即不同领域、不同层次的网络,在控制、数据、能力方面都要尽量融合,而不是一堆的控制器,一堆的平台,各有各的视图,各自干各自的事。
- 组件化:把通用的能力用乐高积木的思路尽可能抽象出来,形成可被编排的组件。
- 可扩展:不管是协议、技术还是应用场景,以及组件,都能够灵活地增加、修改和迭代发布。

- 低代码：聚焦网络运营这个特定领域，尽可能地降低应用开发的门槛，通过对组件的进一步抽象和前端可视化，做到能拖拽实现的就不用代码实现。

2.4.3 关于应用层的考虑

平台上运行的各种应用，是网络 DevOps 平台价值得到体现的关键，也是网络运营自身价值得到体现的关键，更是支撑企业战略目标持续达成的实际体现。无论是平台的应用架构、技术架构，还是平台的业务中台、数据中台，其设计的核心目标都是要实现对各种应用的灵活支持。

网络应用即网络运营各类生产活动的线上化，不仅可以将一些重复性较高的活动通过自动化来提升效率，而且可以通过数据分析和机器学习为运营提供智能化的决策依据。

在具体实现上，根据平台抽象能力的不同和团队研发能力的实际情况，既可以基于前端页面的方式，通过"组件"的拼装来开发应用，也可以基于代码的方式，通过代码的逻辑来开发应用，当然在复杂的场景下，也可以是两者的结合实现。

与传统单体系统中一个系统一类应用的模式不同，网络 DevOps 平台有单独的应用层，以实现与应用平台的解耦。如图 2-8 所示。

图 2-8 网络 DevOps 平台的应用

与其他行业的"应用+平台"模式所不同的是，网络 DevOps 平台的应用层又进一步分为两层：以具体运营场景或者运营活动相匹配的运营应用，如网络变更、运营分析等；以面向设备的原子命令为主的基础应用，用以为运营应用提供一些可复用的"积木"。

而在平台层，则需要技术中台对应用开发、应用运营、应用管理等提供支持，为上层应用的开发、运行、维护保驾护航。

经过此次分享，项目组全体成员不仅在基于网络 DevOps 平台、通过不同功能模块搭建中台能力，从而支撑上层应用的整体概念上达成了共识，更是从历史发展、基础概念等方面对网络运营平台有了更深刻的理解，避免了后续的沟通上可能出现的"GAP"。

不过小 P 也在此次分享会上特别说明了：所有这些名词的定义，只在特定的场景下、特定的上下文中一致，就像"应用"这个概念，从互联网客户的视角，可能就是手机上的 APP，而从项目的视角，就是指平台上支持的一个运营场景。

张 sir 在会上提出要求，希望尽快看到平台完整的架构设计，于是，小 P 紧接着开始了架构设计的准备工作。

第3章
网络 DevOps 平台架构设计方法论

为了避免陷入行业内一些先行者们因为缺乏整体的架构设计导致后期系统烟囱林立的窘境,张 sir 找到了公司研发效能部门的架构设计专家老 A 加入项目组,配合小 P 和研发团队一起工作。

但没想到的是,引入架构设计却遇到了研发团队不小的抵触。研发团队负责人说:我们这些年开发了不下上百个平台,都是敏捷开发,完全不需要架构设计啊!

面对从业工龄都赶上自己年龄的研发部门老大,小 P 倒也没有慌张,他围绕网络 DevOps 的中台理念,跨业务领域的特点,特别是需要快速响应业务需求的要求,耐心地说明建设网络 DevOps 平台必须进行架构设计,以及网络 DevOps 平台架构设计与以往单体式系统架构设计上的区别。

这么一番沟通下来,研发团队负责人认可了引入架构设计的必要性。于是,老 A 正式加入项目组,并为大家专门进行了一次架构设计方法的培训。

进行架构设计的目的就是解决软件系统复杂度带来的问题,而这些复杂度主要来自于复杂的业务逻辑,来自于组件间的交互与依赖,来自于业务对高性能、高可用和可扩展性等方面的要求。在真正开始网络 DevOps 平台的架构设计之前,先来了解一下架构设计的基本理论和方法。

架构设计过程中的关键，就是用好"拆"字诀：

- 业务架构设计，通过价值链+精益价值树的方法，拆分业务领域，对业务领域及业务流程进行横向、纵向的拆解和分析。
- 应用架构设计，通过领域驱动设计（Domain Driven Design，DDD）的限界上下文和业务内聚的方法，拆分出清晰的层次，拆分出独立的领域模型，确定其边界，形成功能组件；同时，拆分模块之间的关系和依赖，从而为技术架构和确定优先级提供输入。
- 技术架构设计，通过 DDD 的战术设计进一步拆分对应的领域模型，形成聚合、实体等对象来实现类似于微服务的详细设计；拆分不同维度的技术复杂度，为技术路线和中间件的选择提供依据。

此外，还要引入中台。在中台设计的过程中，关键诀窍就是"聚合"和"重构"：通过 DDD 的领域建模把相关的行为放在一起，把不相关的行为放在其他地方，形成高内聚、低耦合的组件，一方面通过为网络 DevOps 模式提供足够抽象、自助的能力，提升对业务的响应能力；另一方面通过 DDD 的分层模型及层次化聚合能力提供足够灵活的"可演进"架构，为未来的变化、调整提前布局。

在这个"拆"与"合"的过程中，都反复提到了 DDD，是的，就是要充分运用"EA+DDD"的方法来完成网络 DevOps 平台的架构设计。

3.1　设计平台的系统架构：运用企业架构的思想

在前面所提到的业务架构、应用架构和业务架构，都是通过一种叫作企业架构（Enterprise Architecture，EA）的架构设计方法，以业务战略为始，以系统落地为终，逐层推导和设计出来的。企业架构主要是从不同层面和角度来认识大型软件系统的系统架构。

3.1.1　认识企业架构（EA）

1. 企业架构是什么？

企业架构是一种从整体视角看问题的软件架构设计思路。

无论是国外的架构方法如 TOGAF＼ZeMACH，还是国内的软件工程等方法论，在企业架构方面的基本思路是一致的，都是从业务→应用→数据→技术→治理逐步深入和展开，即首先要考虑企业战略和业务运营模式，并将业务架构设计作为软件系统架构设计的首要输入。

2. TOGAF 企业架构方法

作为业界流行最久的企业架构方法，TOGAF 将企业架构分为业务架构、应用架构、技术架构和数据架构。业务架构是战略，应用架构是战术，技术架构是装备。

TOGAF 对企业有个定义：有着共同目标集合的组织的聚合。网络运营虽然不是一个绝对意义上的企业级的概念，但从纵向看，它是一个支撑上层多业务传输的行业领域；从横向看，又覆盖着多种维度的既关联却又彼此独立的网络、流程、环节、数据等。因此，网络 DevOps 平台作为网络运营中用来管控网络、资源及业务的落地实体，是需要从企业级这个高度进行统筹安排的，采用企业架构这种规划方法自然是非常适合的。

3. 为什么要引入企业架构

网络 DevOps 平台，最终会以一种平台的形式呈现，所以我们大部分时候在讨论的仍然还是一个软件工程的问题。那么，构建网络 DevOps 平台需要用到企业架构这么"高大上"的理论吗？

同时，我们想要解决的并不是一个纯粹的或者说完全意义上的"企业"问题，既不仅仅是单个企业层面的事情，同时有些内容还跨越了多个企业。网络 DevOps 平台所涉及的是面向基础设施运营这么一个行业性的问题，那企业架构的设计方法还适不适用呢？

经过反复思考，并结合一些实践，我们得出的结论是：企业架构方法在网络 DevOps 平台的规划和设计中不但需要，而且还非常重要。

企业架构能将业务设计与技术设计更好地融合起来，时刻提醒我们用业技融合的思路来实现 DevOps 所提倡的运营开发协同，同时，企业架构还能帮助我们用全面的、一体化的思路来设计业务中台和数据中台这样一个"企业级的能力复用平台"。

在网络 DevOps 平台的开发过程中，当然少不了各种角色的参与和配合。在这些角色中，业务架构师或者业务方会关注业务架构，产品经理会关注应用架构，而研发人员则会更多地关注技术架构。然而，这些架构并不会是独立或者割裂的，必须一脉相承，相互印证和相互适配。反过来，如果大家输出的架构设计还只是各说各话，那这个平台也必然是失败的。

3.1.2 平台业务架构设计方法

1. 什么是业务架构

业务架构是企业架构的起点与核心，是连接企业战略和 IT 战略的桥梁。

（1）认识业务架构

业务架构是把企业或者团队的业务战略转化为日常工作的渠道，业务战略决定业务架构，其主要包括业务的运营模式、流程体系、组织结构、地域分布等内容。

《企业级业务架构设计法论与实践》这本书中对业务架构给出了明确定义：即**以实现企业战略为目标，构建企业整体业务能力规划并将其传导给技术实现端的结构化企业能力分析方法。**

这里需要我们重点关注几个关键词。

- **整体**：业务架构要求看问题必须全面，要从企业战略目标出发去设计业务架构。
- **结构化**：结构化是业务架构分析问题的方式。有了对业务横向打通的全面认知，还需要把认知结果表达出来。
- **传导**：把自己对业务的认知准确地传导给技术团队，也是业务架构的任务，而实现好的传导需要两个条件：一是优质的内容，二是相应的机制。

（2）业务架构的设计要求

好的业务架构应该具有如下的特点。

- **脱离技术，描述业务**：业务架构是业务架构师或者业务专家看待业务的视角，主导者可以完全没有研发基础或者经验，只是单纯地描述业务的特点。
- **只描述重大架构性元素**：不论是业务战略还是业务流程，都不需要也不应下沉到具体细节中去，要抓住重点和要点。
- **高抽象度**：只有经常抽象、归纳和总结过的业务架构，才能传递给后续的应用架构与技术架构设计师并被其所理解。

具体到网络 DevOps 平台中，最需要强调的是高抽象度，即需要根据事件、团队、产品、网络层次、流程、演进阶段等不同维度，结合业务的类型或者生命周期的不同阶段进行归纳、抽象。

而且，不仅要考虑当前已经成熟的网络运营流程、场景，更要考虑一些随着企业、行业和技术发展可能会出现的问题，以及如何对现有流程进行优化等。当然，这也会对业务架构人员的提炼能力提出更高的要求，因此这也是我们在人员构成中强调业务架构师这个角色的原因。比如，对于当前的自动化变更流程是否有缺陷、能否进一步优化这类问题，就需要熟悉业务流程、清楚当前业务痛点的业务架构师，从一个最完美和理想的变更流程来进行分析设计，而不会被当前的技术、分工或者人员能力所限制。

在网络 DevOps 平台的开发过程中，一般会由资深的网络专家来担任业务架构师。受当前网络运营领域分工越来越细的影响，往往一位网络专家的技能和经验很难覆盖到所有领域，因此需要多位不同专业方向的专家协同完成这个工作；在操作模式上，以往的产品经理与业务需求方点对点沟通的方式也不再适用，可以采用工作坊、头脑风暴等新的方式来聚焦和对齐大家的架构设计；最后，业务架构输出以后必须要经过由产品、研发等共同参加的评审会，以确保大家理解和认同业务架构，并能够向下传递和延续业务架构的设计。

2. 为什么需要业务架构设计

业务架构从诞生之初就很清楚地定义了自己的使命：面向复杂的系统构建。

业务架构与其他架构一样，其目的也是要降低复杂度，从而更好地规划和实现系统，直白地说，就是把复杂的事情简单化，让应用架构和技术架构的设计更加简单。

在网络 DevOps 平台的设计中，业务架构的设计过程之所以能帮助我们实现业务与技术的深度融合，就是因为形成了整个网络团队尤其是运营与平台研发之间有效沟通的"通用语言"。从这个角度看，业务架构与 DevOps 所倡导和要实现的开发、运营与业务充分协作的理念高度契合，只不过是从另外一个维度来落地和实现。

3. 战略与组织设计

战略是业务架构分析的起点。而所谓战略，是企业或者团队对自身发展所做的长期、全面的考虑和想法；是如何达成目标与能力的平衡，并根据环境变换做出合适的调整。战略应该是清晰明了和可信可触及的，一个虚无缥缈的战略无法指导后续的设计。

组织设计用于明确企业的内部组织结构与分工，也就是确定企业有多少部门、团队、岗位等，组织设计的主要目的是通过分工建立协作。在实际生产工作中，大部分都是先有组织，再有项目和平台，但是团队的组织结构会不可避免地影响系统的组件结构，并给企业级的平台设计和落地带来极大的影响。所以，提出匹配目标业务架构与技术架构的组织结构设计建议非常重要，无论最终是通过组织调整或是采取其他形式落地。

4. 业务领域的拆分

业务设计的第一个环节是拆分业务领域，为后续的业务分析和横向比对确定基础单元。而业务领域的拆分，可以根据企业或者团队的实际情况，基于流程、分工、层次、发展趋势等维度来实施。

从战略到业务领域的拆分，有很多种方法。在这个项目中，建议采用精益价值树。因为不论是做战略分解，还是做 OKR 共享，都能通过精益价值树实现逐步分解，并更容易让干系人、干系团队所理解，如图 3-1 所示。

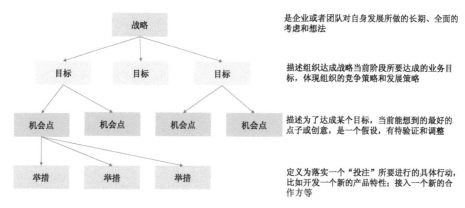

图 3-1　精益价值树

精益价值树本是一个用于捕捉和共享组织愿景与战略的工具，但其围绕战略或者愿景逐步分解的思路，是分解业务领域的一种好方法。

具体来讲，可以在标准的精益价值树基础上，将愿景替换成战略，并根据战略来拆解目标、机会点和举措。在这个过程中，可以把目标层级与相关领域进行对应，把机会点层级或者举措层级与相关子领域进行对应，下面举例说明（如图 3-2 所示）。

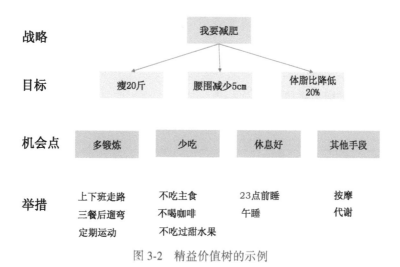

图 3-2　精益价值树的示例

在这个例子中，可以先分解出"瘦20斤""腰围减少5cm""体脂比降低20%"三个领域，然后再按照举措分成不同子领域。当然在实际操作的时候，也可以把按举措划分，替换成按流程环节、受用者等维度来划分。因此，精益价值树是一种从战略逐级拆解的好方法。

5. 业务流程的梳理

价值链主要是为接下来的流程梳理设定一个统一的标准，即明确一个统一的分析框架并将其作为观察各个业务域的统一方法。价值链的确定，与业务领域的划分紧密相关，不同维度的业务域划分，价值链一定不会是相同的。

比如刚才提到的减肥的业务域，也可以用如图 3-3 所示这样一个价值链来衡量：

图 3-3   减肥业务域的价值链示例

业务流程的梳理分两个阶段：第一个阶段，梳理现状模型，也就是弄清楚业务当前什么样；第二个阶段，把战略导入进来，看看如何对业务现状进行调整。这就产生了目标模型，而最后用来实现战略落地的就是目标模型。

业务流程梳理以及评审的过程中，一定会存在各种各样的声音，大家恐怕听得最多的就是：我的那些需求呢？

做过需求分析师或者产品经理的朋友都知道，各种需求不明确的"一句话需求"总是让大家苦不堪言。因此在做网络 DevOps 平台这个企业级能力复用平台时，面对需求，需要勇敢地说"不"，但不是简单地拒绝问题，而是从需求背后出发，寻找真正的需要解决的问题本身，并用更好的举措或者流程予以解决。

同时，也要规避落到那些"我需要 ＊ ＊ 字段支持筛选"的细节需求里头去，要有一定的高度和抽象度，关注重点要点，同时为后续中台能力的识别打好基础。

3.1.3   平台应用架构的设计方法

1. 什么是应用架构

(1) 认识应用架构

应用架构主要描述了 IT 系统功能和技术实现，通常分为以下两类不同的层次。

- 企业级的应用架构：企业层面的应用架构起到了统一规划、承上启下的作用，向上承接企业战略发展方向和业务模式，向下规划和指导企业各个 IT 系统的定位和功能。
- 单个系统的应用架构：在开发或设计单一 IT 系统时，用于设计系统的主要模块和功能点，其系统技术实现更多是采用从前端展示推导业务处理逻辑，再到后台数据该如何设计。

网络 DevOps 平台是一个统一运营平台，不是传统意义的单体系统或者单体平台，而是一个企业级的能力中台。所以，我们需要与业务架构充分结合，使用企业级应用架构的方法来承接业务架构的规划和设计。

另外，在企业架构中，应用架构的设计是最重要也是工作量最大的部分，涵盖了企业的应用架构蓝图、架构标准/原则、模块的边界和定义、模块间的关联关系等诸多方面的内容。

(2) 应用架构的设计要求

企业级的应用架构需要做到承上启下，因此，一个好的应用架构应该满足以下的要求。

- 简单性：体现在应用架构是否有清晰、明确的层次划分，各应用模块之间的连接关系是否简单明确，是否实现了模块之间的低耦合。
- 灵活性：体现在应用架构能否适应业务的快速变化，不仅要求在快速增加新应用时仍能保持现有应用架构的稳定性，还要在适应业务变化的同时主动促进业务变革。
- 整合性：通过应用模块之间的解耦或者组合，以统一的方式对外提供一致的服务接口，从而实现应用模块之间的共享和协作。

2. 为什么需要应用架构设计

应用架构的输出，是运营和研发最好理解的一类架构图，也是向管理层汇报和对外介绍时常用的一类架构图。我们现在经常看到的，由网工、研发等提供的各类堆满自动化实现的架构图，其实大部分都是指应用架构。

应用架构设计所划出的清晰的领域边界，即应用边界，能为后续类似微服务的颗粒度划分提供依据。同时，过程中梳理出来的模块之间的关系与依赖，可以为技术选型和确定优先级提供输入。

3. 划分应用组件

为了降低技术实现的复杂度，应用架构设计的目的之一就是划分出清晰的应用边界，形成"高内聚、低耦合"的应用组件,具体可以按照以下步骤来实施。

在业务领域划分和业务流程梳理的基础上,利用 DDD 领域建模的能力,逐步对流程中的每个环节建模,确定每个环节中的聚合等实体。

- 对所有环节进行纵向的比对,并对功能重合的领域模型、聚合进行调整。
- 对已不体现流程特性的各领域模型进行横向的比对,并对功能重合的领域模型、聚合进行调整。
- 结合组织架构、团队规模、安全边界和技术异构等因素完成对应用边界的调整。

4. 理清组件间调用关系

应用架构的设计,需要明确模块之间的关系和依赖,从而为技术选型和确定优先级提供依据。

- 可以基于流程流转、事件触发、数据三个维度厘清相互关系,并在应用架构设计中体现。
- 梳理出主要的组件模块,也就是 DDD 领域里经常提到的核心域、支撑域、通用域。
- 确定优先级,即优先完成核心域及被很多组件依赖的支撑域的设计和开发。

3.1.4 平台技术架构的设计方法

1. 什么是技术架构

(1)认识技术架构

技术架构是对业务架构、应用架构的技术实施方案的结构化描述,由构成实施方案的技术组件、技术平台及相互间的关系构成。技术架构通常还会包括开发和运维的工具与技术能力。

技术架构是从技术层面描述系统的架构和主要实现。这些描述可以是不同视角的:如逻辑上的技术件组成,如运行时的状态,如功能模块及服务器的物理分布等。

(2)技术架构设计要求

技术架构负责平台的技术实现,一个好的技术架构设计应该满足"五大"要求。

- 适合:业界领先的技术可以借鉴,但是不要照搬或者复制,组织、人员、技术储备等条件不一样,因此照搬或复制不一定能得出相同的结果;要实事求是,有什么样的能力办什么样的事,要根据实际情况选择适合的技术路线。

- 简单：大道至简，包括组件的实现以及每个组件内的逻辑都要简单。千万不要认为谁都看不懂的架构就是最牛的架构，能让业务、产品都理解的技术架构才是好架构。
- 演进：两个原则需要把握，一是不断演进优于一步到位，二是缺少规划的架构是难于演进的。这两个原则其实并不矛盾，不能为了快，就放弃规划，而是要制定不同阶段的架构目标。所谓"等接下来的工作没那么多了再逐步规划"的架构是自欺欺人。
- 明确：对业务的技术复杂度的分析结论必须是明确的，不能模棱两可，这样也可以，那样好像也行，这样的技术架构在演进时必然会遇到根基不稳的问题。
- 整体：对于技术架构，一定要通过一个平台的整体视角来看待，不能站在各自的领域内自说自话。虽然允许从不同的视角来看待问题，但对于一些基本认识，在一个平台、团队或者项目组内，必须是统一的。

2. 为什么需要技术架构设计

技术架构的首要作用是识别软件系统的复杂度，从而采取不同方案解决复杂度带来的问题。

- 技术架构有助于结合复杂度的分析和团队中技术、人员储备情况等，完成技术路线的选择和技术选型。
- 技术架构有助于从不同角度来认识和描述软件系统的关系。
- 技术架构有助于在研发范围内进一步地细化分工。
- 好的技术架构有助于减少重构的风险，这也是可扩展架构的关键要求。

3. 分析复杂度问题

作为一个平台研发，首先要了解业务，并能够从业务的角度去分析所要开发的这个平台有哪些复杂度问题。我们常说的技术架构复杂度，往往来源于以下六个方面。

(1) 高性能
软件系统中高性能带来的复杂度主要体现在两方面，一方面是单台计算机内部为了高性能带来的复杂度，即多进程或者是多线程；另一方面是多台计算机集群为了高性能带来的复杂度，主要是任务分配和任务分解的实现与部署上。

(2) 高可用
高可用是系统无中断地执行其功能的能力，代表系统的可用性程度，是进行系统设计时的准则之一。系统的高可用方案五花八门，但万变不离其宗，本质上都是通过"冗余"来实现的。与高性能增加机器的区别在于：高性能增加机器的目的在于"扩展"处理性能；高可用增加机器的目的则在于"冗余"处理单元。

计算高可用的复杂度所在：冗余架构（如集群）中需要增加任务分配器、需要增加分配算法、需要在任务分配器和真正的业务服务器之间建立连接与交互。

存储高可用的复杂度不在于如何备份数据，而在于如何减少或者规避数据不一致对业务造成的影响。存储高可用不可能同时满足"一致性、可用性、分区容错性"，最多满足其中两个。

无论是计算高可用还是存储高可用，其基础都是"状态决策"，即系统需要能够判断当前的状态是正常还是异常，如果出现了异常就要采取行动来保证高可用。常见的决策方式包括独裁式、协商式、民主式。

（3）可扩展性

可扩展性指系统为了应对将来需求变化而提供的一种扩展能力，当有新的需求出现时，系统不需要或者仅需要少量修改就可以支持，无须整个系统重构或者重建。

设计具备良好可扩展性的系统，有两个基本条件，一是正确预测变化，二是完美封装变化。

（4）低成本

本质上低成本与高性能和高可用是冲突的，所以低成本很多时候并不见得是架构设计的首要目标，而是架构设计的附加约束。

低成本给架构设计带来的主要复杂度体现在，往往只有"创新"才能达到低成本目标。这里的"创新"既包括开创一个全新的技术领域，也包括引入新技术。

（5）安全

从技术的角度来讲，安全可以分为两类：一类是功能上的安全，另一类是架构上的安全。

功能安全其实就是"防小偷"。防止小偷利用系统不完善的地方潜入，并进行破坏或者盗取。功能安全其实是一个"攻"与"防"的矛盾，只能在这种攻防大战中逐步完善，而不可能在系统架构设计的时候一劳永逸地解决。

架构安全就是"防强盗"。防止强盗直接用大锤将门砸开，或者用炸药将围墙炸倒，因为强盗很多时候就是故意搞破坏，对系统的影响自然也大得多。对于互联网系统的架构安全实现，目前并没有太好的方法通过系统架构设计来解决，更多是依靠运营商或者云服务商强大的带宽和流量清洗等能力。

（6）规模

带来复杂度还有一个主要原因就是"量变引起质变"，当数量超过一定的阈值后，复杂度会发生质的变化，比如功能越来越多，导致系统复杂度指数级上升；数据越来越多，系统复杂度发生质变等。

4. 设计合适的架构模式

架构模式体现了软件系统不同组件之间的关系和它们的运作规则，接下来先了解一下当前业界比较主流的一些架构模式。

（1）分层架构

分层架构（Layered Architecture）是最常见的软件架构模型，也是事实上的标准架构。直白地讲，当你实在不知道要用什么架构时，就用它。在大家常见的软件架构中，分层架构也是最常见的，比如 TCP/IP 协议栈就是典型的分层架构。

分层架构将软件分成若干个水平层，每一层都有清晰的角色和分工，不需要知道其他层的细节。层与层之间通过接口通信。

虽然没有明确约定，软件一定要分成多少层，但是如图 3-4 所示的这个四层的结构最为常见。

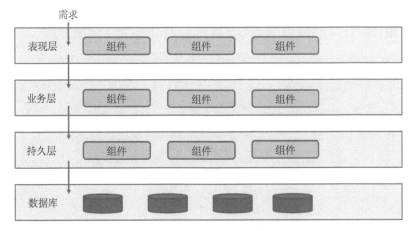

图 3-4　软件分层架构模型

在这个四层模型中，用户的请求将依次通过这四层的处理，不能跳过其中任何一层，其中：

- 表现层（Presentation）：用户界面，负责视觉和用户互动。
- 业务层（Business）：实现业务逻辑。
- 持久层（Persistence）：提供数据，SQL 语句就放在这一层。
- 数据层（Database）：保存数据。

分层架构的优点如下。

- 结构简单，容易理解和开发。
- 不同技能的程序员可以分工，负责不同的层，天然适合当前大多数软件公司的组织架构。
- 每一层都可以独立测试，其他层的接口通过模拟解决。

分层架构的缺点有以下几点。

- 一旦环境变化，需要代码调整或增加功能时，通常比较麻烦和费时。
- 部署比较麻烦，即使只修改一个小地方，往往需要整个软件重新部署，不容易做持续发布。
- 软件升级时，可能需要整个服务暂停。
- 扩展性差，用户请求大量增加时，必须依次扩展每一层，由于每一层内部是耦合的，扩展会很困难。

（2）微核架构

微核架构（Microkernel Architecture）又称为"插件架构"（Plug-in Architecture），指的是软件的内核相对较小，主要功能和业务逻辑都通过插件实现，如图 3-5 所示。

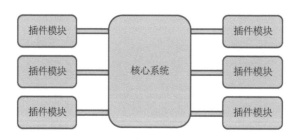

图 3-5 微核软件架构模型

微核架构是一种面向功能进行拆分的可扩展性架构，通常用于实现基于产品的应用，例如 Eclipse 这类 IDE 软件、UNIX 操作系统、淘宝 APP 客户端软件等。

核心系统（Core System）通常只包含系统运行的最小功能，负责和具体业务功能无关的通用功能，例如模块加载、模块间通信等。

插件模块（Plug-in Modules）则是互相独立的，负责实现具体的业务逻辑。插件之间的通信，应该减少到最低，避免出现互相依赖的问题。

微核架构的优点如下。

- 良好的功能延伸性（Extensibility），需要什么功能，开发一个插件即可。
- 功能之间是隔离的，插件可以独立地加载和卸载，部署比较容易。
- 可定制性高，适应不同的开发需要。
- 可以渐进式地开发，逐步增加功能。

微核架构的缺点如下。

- 扩展性（Scalability）差，内核通常是一个独立单元，不容易做成分布式。
- 开发难度相对较高，因为涉及插件与内核的通信，以及内部的插件登记机制等。

（3）微服务架构

微服务架构这几年不可谓不火，现在谈及可扩展的时候必谈微服务。无论是高性能还是高可用等，都可以用微服务来解决和实现。

在微服务中，每一个服务就是一个独立的部署单元（Separately Deployed Unit）。这些单元都是分布式的，互相解耦，通过远程通信协议（比如 REST、SOAP）联系，如图 3-6 所示。

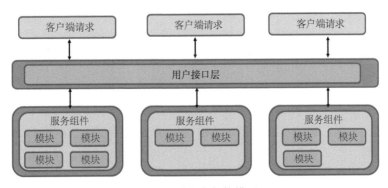

图 3-6　微服务架构模型

微服务架构的优点如下。

- 扩展性好，各个服务之间低耦合。
- 容易部署，软件从单一可部署单元，被拆分成了多个服务，每个服务都是可部署单元。
- 容易开发，每个组件都可以进行持续集成式的开发，可以做到实时部署，不间断地升级。

- 易于测试，可以单独测试每一个服务。

微服务架构的缺点如下。

- 由于强调互相独立和低耦合，服务可能会拆分得很细。这导致系统依赖大量的微服务，变得很凌乱和笨重，性能也会不佳。
- 一旦服务之间需要通信（即一个服务要用到另一个服务），整个架构就会变得复杂。如果某场景需要一些通用的 Utility 类，为了避免整体架构复杂，一种解决方案是把它们复制到每一个服务中去，用冗余换取架构的简单性。
- 分布式的本质使得这种架构很难实现原子性操作，回滚会比较困难。

5. 解决方案、技术选型与物理部署

根据复杂度分析和架构选择的结果，可选择诸如读写分离、负载均衡、异地多活等解决方案。根据应用场景选择所需的技术框架，比如在选择具体的微服务架构时，是选择 Spring Cloud、Dubbo，还是 Istio 等。根据所在团队的人员能力等实际情况，回答诸如"选择开源还是自研"等问题。

技术选型上，尽可能使用成熟的技术。大家都喜欢学习和实施最新与最吸引人的技术。采用这样的技术不仅可以降低成本、提高开发效率、提高可扩展能力，而且有时可能成为一个比较优势，但新技术往往会有较高的故障率，因此，如果新技术应用在架构的关键部分，可能会导致对可用性造成明显的影响。所以，如果看重可用性，那就还是选用成熟的技术为好。

物理部署上，设备选型方面就不多说了。需要强调的是，一要把握"N+1"设计原则，也就是要确保关键设备、关键组件在发生故障时，至少有一个冗余的实例，甚至包括数据中心方面也要有所考虑；二要把握"故障隔离"设计原则，在平台的设计之初就要思考并想清楚，什么情况下平台会失效，可以容忍哪些功能或组件失效，哪些功能或组件及相关的硬件失效时，不会对平台的其他部分产生影响等。

3.2 构建平台的核心能力：能力可复用的中台

自 2015 年阿里提出"大中台、小平台"起，各互联网大厂都陆续官宣投入到业务中台的建设之中。近两年每当和朋友们聊起网络 DevOps 平台要构建可复用的能力中台时，总会被人挑战：阿里都去中台了，为啥你还要提这个过时的概念。其实，引入中台并不是因为这

个概念热，也不是为了给平台创造热点，而是因为网络 DevOps 平台所需要的运营与研发协作开发的这种模式，确实要通过中台来提炼和抽象更多能力，减少上层应用开发的难度。

3.2.1　中台的定义：企业级能力复用平台

1. 什么是中台

中台的定义是：企业级能力复用平台。

简简单单一句话，但其中每个词都有其深刻的含义。

"企业级"定义了中台的范围，处理的问题在企业级别，包含多条业务线，服务多个前台产品；"能力"定义了中台的承载对象，不同企业的核心能力不同，要体现企业的差异化竞争力；"复用"定义了中台的核心价值，即中台的可复用性、易复用性；"平台"定义了中台的主要形式，即更细粒度能力的识别与平台化沉淀。

中台化是平台化的下一站，是平台对自身治理不断演进、打破技术边界、逐渐拥抱业务、具备更强业务属性的过程。中台是在前台与后台之间添加的一组"变速齿轮"，将灵活的前台与稳定的后台速率进行匹配，是前台与后台的桥梁和润滑剂；中台关注为前台业务赋能，真正为前台而生。

中台的概念这几年被各个互联网大厂的样板效应带得相当火热。不管是业务中台、数据中台，还是技术中台、研发中台，业界都认可通过中台为前台业务提供共享能力，最终支撑企业快速响应用户需求的能力。

中台提供灵活的业务组件，既可保证业务逻辑的灵活编辑与维护，以支撑前台的需求落地，也可保护后台的核心资源减少暴露和修改。其有三个关键能力。

- 对前台业务的快速响应能力。
- 企业级复用能力。
- 从前台、中台到后台的设计、研发、页面操作、流程服务和数据的无缝**联通**、**融合**能力。

在前几年，其实很多公司已经完成了平台化的改造，为什么还需要中台？答案就是中台化赋予或者加强了企业最核心的能力——**用户响应力**。虽然平台解决了公共能力复用的问题，但没有**和其他平台或者应用全面融合**，没有**将核心业务服务链路作为一个整体方案**。

如果还是搞不清楚平台和中台的差别，那么如下几点总结可以做参考。

- 平台是技术视角，中台是业务视角，后者更加强调业务思维。
- 平台是业务无关的，比如搭建一个 Hadoop 平台；中台注重业务相关性，中台是需要承载业务的。

- 平台更多是为了降耗增效，即强调去重；中台更多是为了价值复用，即强调复用。

而且，实践证明，中台是不能跨行业使用的，比如电商行业的用来支持实时业务的中台，是没办法复制到网络运营行业的。即便同在电商行业，淘宝、京东、苏宁易购，因为它们的业务模式有所不同，中台也是不能直接被复制粘贴使用的。

2. 为什么需要中台

在以往烟囱式多个单体系统开发时，研发部门就是纯粹的乙方。网络运营内多个团队都同时提需求，都要求高优先级，研发人员就只能是"工具人"，费心费力提供支持但还落埋怨：为什么这么久？为什么他的需求就比我的优先级高？即便在纵向做了一些方向的划分，但具体到一个细分领域内，也还是躲避不了优先级的难题。

因此，在网络 DevOps 平台的设计和开发中，我们希望把一些很基础的、通用的能力抽象出来，形成平台的通用能力减少一些重复开发，从而提升开发效率和响应速度；同时，网络 DevOps 平台也需要网络运营团队参与开发，为了降低学习和开发成本，更需要将一些简单业务逻辑进行抽象并平台化，为应用开发提供更简单和更通用的能力。

所以在这个过程中引入中台是必然的，通过各个层级能力的复用为网络运营场景和业务更多需求的落地提供更快响应。

DevOps 强调共享文化，中台概念中强调复用的核心价值，这也是把两者统筹考虑的一个原因。中台是要服务多条业务线的，如果企业或者部门的业务是单一且固定的，就没有必要建设中台了。那网络运营是否涉及多条业务线呢？答案是显然的，具体将在后面的架构设计实践部分详细阐述。

3.2.2 不同中台的设计方法：业务、数据与技术中台

中台的概念提出以后，各种各样的中台也如雨后春笋般涌现出来，那网络 DevOps 平台主要涉及哪些呢？接下来，一起来了解下网络 DevOps 平台所涉及的三类中台及它们的设计方法。

1. 业务中台的设计方法

(1) 什么是业务中台

从广义的角度来说，所有的中台都是业务中台，因为所有的中台都是为业务服务的，只

是复用的重点有差别而已。不带有业务属性的只能是平台，而不是中台。

通常提到的业务中台，比如阿里的电商业务中台，是狭义层面的概念，业务中台需要具体承载和支撑业务开展的必要业务元素，封装着为了保障业务顺利开展所涉及的必要问题空间的解决方案。

具体到网络 DevOps 平台，就是需要通过业务中台来提供支撑网络运营所涉及的必要问题的解决方案。**这些解决方案必须有可复用的能力，必须能够以组件的形式提供给上层应用进行复用。**

（2）业务中台设计方法

业务中台的设计过程，就是识别可复用业务流程和业务功能的过程，即在应用架构划分出的限界上下文和聚合的基础上，通过跨业务领域的重合度识别，再进行聚合和重构。

业务中台的设计中，同样要确定平台的核心中台、支撑中台与通用中台，以确定后续的资源投入和技术选型，其中核心中台的能力一定要完全自主掌控。

此外，既然是网络 DevOps 平台，所以业务中台还要形成开发和管理通用业务组件的能力，以及根据业务实际需要可以灵活编排这些组件的能力。

2. 数据中台的设计方法

大概是因为业务中台的概念早已深入人心，大家对业务中台的理解也基本形成了共识。而数据中台则不然，提及这个概念，往往听到的是："哦，我们早有了，不就是数据仓库嘛"。

实际上，数据中台绝对不是数据的简单集中。数据中台与传统数仓和数据平台的关键区别在于，数据中台相较于数仓、大数据平台，向前台、向业务又迈出了一步，数据中台不再只关心技术层面大数据底座的打造，同时开始更多地关注企业层面的数据治理、数据资产化和数据服务，包括但不限于数据的资产化管理（质量、成本、安全）、数据服务的构建和数据的体系化建设（统一模型和指标）等。可以说，数据仓库或者大数据平台，都还只是纯技术问题，而数据中台则复杂得多，不仅涉及技术，还涉及业务和服务，而重点中的重点，是数据中台对业务的赋能能力。

业务中台不断地产生数据，数据中台则是在做数据的二次加工，并将结果再服务于业务中台，为业务进行数据的赋能、赋智。与业务中台更多实现的是业务模式（业务流程或者业务功能）的复用不同，数据中台更多实现的是数据存储、数据处理、数据服务等能力的复用。

数据中台的设计包括如下几个部分。

- 模型的复用能力：主要是数据存储的模型设计，通过分层存储减少存储压力，提高数据复用效率。

- 数据的复用：即如何做到 OneId、OneData。
- 组件的复用：从业务出发，通过业务场景查找数据，搭建通用数据组件；同时，业务中台中提到的编排能力，也可以用来编排这些数据组件。

3. 技术中台的设计方法

不少人认为，技术中台最初就是为了解决互联网企业中不同事业群（Business Group，BG）/业务单元（Business Unit，BU）甚至不同平台建设过程中，底层中间件的搭建各自为政、重复建设、资源使用效率低下，且分布式安全性不足等问题。所以业界有一种看法，认为技术中台没有很强的业务属性，只是一些中间件的集合，顶多算是个中间件平台而已，称不上中台。

但其实不然，相较于技术中间件，技术中台最大的特点就是采取业务视角、向业务贴近。技术中台相比业务中台和数据中台，边界会更加清晰，除了整合和统一以外，开始更多地依赖云和其他基础设施的能力，进行产品化的包装，屏蔽掉中间件本身的技术细节，为客户提供可配置、可管理的自助服务。

在软件应用中，真正的技术中台似乎并不多见，因为以技术为典型特征又具备业务属性的中台真得少之又少。像阿里的中间件，像一些云的通用 SaaS 能力，并不是技术中台。大家在网上搜索"技术中台"时所看到的一些"流程引擎类"的商用广告，由于没有真正的业务属性，也不算是真正的技术中台。

但如果将流程引擎与网络运营的需求相结合，比如支持自动化执行，支持子流程，它就具备了技术中台的特点和能力；而且，在网络管控这个领域中，还有一个特殊的技术中台组件，即面向网络的控制器，用于实现与网络设备在采集与配置方面的双向交互。

所以，在技术中台的设计中，关键还是要回到业务本身，从业务的痛点和问题出发，对开源的技术或者框架做出定制化的改造，形成网络 DevOps 平台所需的简单、快捷的业务落地能力。

3.3 中台设计利器：DDD 领域驱动设计

在企业架构的业务架构和应用架构设计中，在中台复用能力的识别过程中，会运用 DDD（领域驱动设计）方法，因此，有必要对 DDD 的概念及相关作用有个大致了解。

3.3.1　DDD 的基本概念及作用

1. DDD 的核心概念

- 领域：从广义上讲，领域是一个组织所做的事情以及其中包含的一切。每个组织都有它自己的业务范围和做事方式，这个业务范围以及在其中所进行的活动便是领域。从 DDD 的角度来讲，领域就是用来确定范围（边界）的，就是在这个边界内要解决的业务问题域。
- 子域：领域可以按照规则不断细分成相关子域。一个或多个子域便构成了领域。
- 核心域：决定产品和公司核心竞争力的子域，是业务成功的主要因素和公司的核心竞争力。
- 支撑域：是必需的，既不包含决定产品和公司核心竞争力的功能，也不包含通用功能；具有企业特性，不具有通用性。
- 通用域：没有太多个性化的诉求，同时被多个子域使用的通用功能子域；需要用到的通用系统，容易买到，没有企业特点限制，不需要太多定制化。

DDD 的几个核心概念如图 3-7 所示。

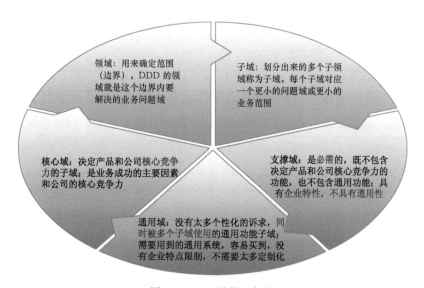

图 3-7　DDD 的核心概念

- 实体：拥有唯一标识符的领域对象，标识符在历经各种状态变更后仍能保持一致。
- 值对象：一个没有标识符的领域对象，对实体的状态和特征进行描述，将多个相关属性组合为一个整体概念。
- 聚合：由业务和逻辑紧密关联的实体和值对象组合而成，是数据修改和持久化的基本单元。
- 限界上下文：是一个显式的边界，领域模型存于该边界之内。限界上下文是一个特定的解决方案，它通过软件的方式来实现解决方案，通常标定了一个系统、应用程序或者业务服务。
- 通用语言：限界上下文的边界之内确定上下文含义的领域术语、词组或者句子，包含术语和用例场景，是团队共同创建的功用语言。
- 领域事件：领域事件将导致进一步的业务操作，在实现业务解耦的同时，还有助于形成完整的业务闭环。领域事件可以是业务流程的一个步骤，也可能是定时批处理过程中发生的事件，或者一个事件发生后触发的后续动作。

2. DDD 对网络 DevOps 平台的作用

（1）对齐通用语言

借助 DDD 限界上下文与通用语言的概念，可以帮助整个团队或者项目组，特别是日常工作中跨团队的成员，在网络 DevOps 平台及其运营领域中统一语言。比如前面提到的平台、中台、模块、应用等概念，都需要统一。

（2）清晰划分组件

在应用架构的设计过程中，通过从上向下拆分业务领域，以及从下到上识别实体、聚合，不断地调整，形成限界上下文。为后续快速映射到微服务架构，厘清了微服务划分的颗粒度。

（3）形成可演进架构

领域模型中对象的层次，从内向外依次是值对象、实体、聚合和限界上下文。

业务的变化会影响领域模型，领域模型的变化会影响技术架构中类似于微服务的实现和设计，所以如果需要一个可演进的架构，那么，DDD 的分层模型和层次化对象，可以帮助我们实现这个目标。

DDD 的分层架构如图 3-8 所示，这种分层架构中，领域服务只能被应用服务调用，而应用服务只能被用户接口层调用，服务是逐层对外封装或组合的，依赖关系清晰。

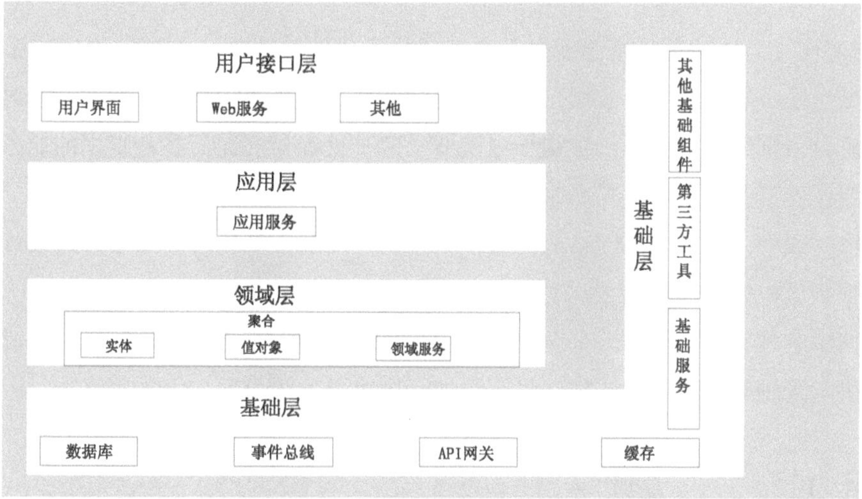

图 3-8　DDD 的分层架构

在具体实践时，可以将聚合作为基础单元，完成领域模型的演进：聚合可以作为一个整体，在不同的领域模型之间重组或者拆分，或者直接将一个聚合独立为一个领域模型。同时，因为在领域模型内部，实体的方法被领域服务组合和封装，领域服务又被应用服务组合和封装，那么通过实体的调整或者领域服务的调整和封装，也能实现领域模型内的演进。

（4）分析平台复用能力

在网络 DevOps 平台的中台设计过程中，DDD 还能帮助我们实现跨领域的复用能力识别。

3.3.2　如何识别平台的复用能力

中台是企业级能力复用平台，网络 DevOps 平台是支撑网络运营生产活动的运营能力复用平台。

可是，网络实际运营中的流程、场景那么多，该如何提炼和抽象需求，建成真正有用、能用的运营中台呢？

一般来说，通过领域建模来设计中台有两种策略：自上而下和自下而上。具体需要我们根据所处公司或者环境的实际情况来选择。

1）自顶向下。这种策略是先做顶层设计，从最高领域逐级分解，为中台分别建立领域模型，根据业务属性分为通用中台或核心中台。领域建模过程主要基于业务现状，暂时不考虑系统现状。

2）自底向上。这种策略基于业务和系统现状完成领域建模。首先分别完成系统所在业务域的领域建模；然后对齐业务域，找出具有同类或相似业务功能的领域模型，对比分析领域模型的差异，重组领域对象，重构领域模型。这个过程会沉淀公共和复用的业务能力，会将分散的业务模型整合。

在具体实践中，对于已有网络运营管控平台这种情况，如果打算从零开始设计建设或者准备全部推倒重构的，往往需要采取自顶向下的策略。在本书的网络 DevOps 平台设计中，将会具体使用这种策略，开始一个全新网络 DevOps 平台的建设。而如果需要保留一部分既有能力，决定采用向后兼容方式来建设平台的，则可以使用自底向上的策略。

3.4 用 DDD 方法设计平台的顶层架构与中台

认识了 DDD，识别了平台的可复用能力，接下来了解如何设计平台的顶层架构和中台。

3.4.1 统一概念认识

每次画平台"大图"，最让人头疼的一件事情就是如何去统一和纠正那些大家认为理所当然的概念。特别是在准备重构一些已经运行多时的平台时，一方面无法忍受那些只实现一个简单功能的"平台"，另一方面又得考虑大家的惯有认识和理解，担心在讨论中发生争执。因此，设计之初，统一大家对名词概念的认识是必要也是必需的一个环节，而在我们要引入的 DDD 领域驱动设计中，更是强调语义上下文的重要性。

3.4.2 开展顶层架构设计和中台设计

DDD 分为战略设计和战术设计，其中战略设计用于领域建模，实现业务模型；而战术设计用于指导微服务设计，实现系统落地。DDD 领域建模的几个过程，建议按照以下方式与企业架构进行对应。

- **在做业务架构的设计时**，可以按照业务流程（通常适用于核心域）或者功能属性、集合（通常适用于通用域或支撑域），将业务域细分为子域。
- **在做应用架构的设计时**，可以选取子域，通过分析用例、业务场景或用户旅程找出实体、聚合和限界上下文。依次进行领域分解，建立领域模型。
- **在做技术架构的设计时**，可以基于领域模型，通过需求分析找到技术点，然后进行软件架构模型和微服务设计，完成技术选型，最终实现系统落地。

同样，明确企业架构中相关架构与中台的对应关系也很有必要。

- **业务中台的设计**：在应用架构设计的基础上，以主领域模型为基础，扫描其他领域模型，检查并确定是否存在重复或者需要重组的领域对象、功能，按照"高内聚、松耦合"的原则提炼，并重构主领域模型，完成最终的领域模型设计。这个过程，也就是我们说的可复用能力的识别过程。
- **数据中台的设计**：将应用架构设计过程中梳理出来的数据分析或者数据应用相关的领域模型独立出来，形成可复用的用于支撑各类数据处理的中台能力。
- **技术中台的设计**：诸如微服务这类的技术架构设计，一般指的就是大家常说的技术中台。但在技术中台设计中要更加考虑对业务的服务和支撑，即进行产品化包装。

因此，如果要用一张图来整体展示企业架构、DDD 和中台之间的对应关系，可以参考图 3-9。

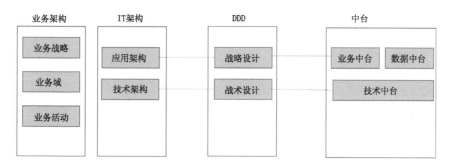

图 3-9　企业架构与中台的对应关系

基于上面的这种对应关系，就可以在实践中按照以下的顺序来完成中台的设计。

- 第一步：从业务战略开始，从上到下逐步细化业务域，梳理业务流程，直至完成业务架构设计。
- 第二步：针对业务域，识别聚合、实体等，逐个完成业务域的领域建模。
- 第三步：扫描不同业务域之间重合的对象或者功能，完成中台的复合能力识别，直至完成业务中台的设计。
- 第四步：根据业务领域的需求，完成数据中台的设计。
- 第五步：针对应用架构（即业务中台和数据中台的设计），完成软件架构/技术架构的分层设计（可以是微服务，也可以不是），并在此基础上抽象出技术中台的设计。
- 第六步：总结企业架构与中台设计，比对是否一致。

另外，还有一点需要补充的是，为了让企业架构和中台各自的设计更具延续性，相互之间的界限更加清晰，接下来内容，将会把第五步进一步拆分为两部分，一部分在领域建模后进行技术架构设计，另一部分在数据中台后进行技术中台的设计。不过，在实际设计时，还是建议先完成中台设计后再进行技术架构的设计。

老 A 的方法论讲座信息量巨大，小 P 一直在刷刷地记着笔记，研发团队的伙伴们也踊跃提问。最让他没想到的是，张 sir 竟然在百忙之中，一次不落地全程参加了每一场培训交流。张 sir 还在一次培训中明确表态，公司全力支持这种自顶向下的规范架构设计，一定要打造业界在网络运营管控平台上的一个典范。

而且，关于架构设计与敏捷开发的矛盾，张 sir 也强调了他的看法：敏捷不是万能的，敏捷不能作为不做架构设计、不做研发管理、不进行研发规范的借口。但是，可以把敏捷在阶段目标实现和迭代开发上的优点充分发挥，用精益创业的 MVP 思想尽快实现、反馈和迭代网络 DevOps 平台与应用场景。

由此，大家在要不要引入架构设计和怎么做架构设计的思想上达成了共识。项目前景更加明朗了。接下来大家马上基于老 A 分享的方法，着手进行网络 DevOps 平台的架构设计。

第 4 章
网络 DevOps 平台的系统架构设计

老 A 的培训课让项目团队成员们系统了解了企业架构设计的完整思路与方法，他同时也告诉大家：架构设计上，应先从业务架构开始设计，然后再推导应用架构和技术架构。但他自己并不是网络运维领域的行家里手，因此具体的设计，还是需要依赖项目团队通过自己的业务经验来实践和落地。

要想使架构设计能够贴近业务，一定要有一个对业务非常熟悉的人来担当业务架构师并牵头架构设计；同时，为了设计的高效性和有效性，必须得多采取一些头脑风暴工作模式，充分讨论，集思广益。

于是，作为整个项目的负责人，小 P 责无旁贷地承担了业务架构师这个角色，在老 A 的配合下，他率先从业务架构设计开始了整个平台系统架构的设计工作。

4.1 平台的业务架构设计

真正动起手来，问题就来了。这几年小 P 主要负责网络运维方面的工作，他非常清楚，网络运维工作中的场景太多了：变更、故障定位、故障发现、故障恢复、建设……每一类场景下又有很多不同的子场景……

看着小 P 在工位上一脸愁云地唉声叹气，老 A 笑着点拍了一下他的肩膀：别愁，不需要选择所有的活动和场景，可以先找一两个痛点所在，而且不要只是梳理流程，还得划分业务领域，制定价值链，然后再梳理业务流程。

在业务架构设计阶段，咱们需要做好三件事：1、因为业务架构是为战略服务的，所以首先需要确定网络运营的战略方向；2、根据流程或者问题，或者功能，梳理网络运营的业务域即问题域列表；3、针对细化到一定程度的业务领域，梳理出相应的业务流程图。

而且，因为网络 DevOps 平台具有企业级和中台能力的特点，所以需要在传统的企业架构方法上有所创新，包括在过程中引入设计思维方法、头脑风暴，在业务架构的设计中不要只关注现有的业务流程，而是一方面要融入企业和网络团队的战略目标和举措，另一方面要回到问题的原点，找到当前最合适的解决方案，从而推导出一个 to b 的业务架构与应用架构。

于是，小 P 找到老 E 一起选取了几个让网络运营人员最头疼、最需要平台来支撑的典型场景，开始了业务架构的梳理和设计。

4.1.1　确定网络运营的战略

战略是业务架构分析的起点。而所谓战略，就是如何达成目标与能力的平衡，并根据环境变换做出合适的调整。在我们细分业务域之前，首先要理清楚网络运营的业务和业务战略是什么，从而围绕着业务的战略目标进行合理拆分并避免出现偏离。

传统的业务定义是指为了售出产品、换取利润，各行业中需要处理的商业上的相关事务。作为基础网络所依属的企业，主营业务可能是各种宽带业务、移动套餐（传统的通信运营商），可能是企业赖以经营的互联网应用，如社交、视频、游戏等（互联网公司），也可能是如虚拟机、容器、分布式存储、数据库、FaaS 等各类分属 IaaS、PaaS、SaaS 的产品和服务（云服务提供商）。

那么网络运营的业务是什么呢？结合这么多年的网工经验，我们给出了一个定义：——**为给各类云网应用和云网客户提供高质量的传输承载服务，而开展的网络规划、建设、运维、资源管理等生产活动。**

这里有两个关键词。一是生产活动，网络生命周期中的各类**生产活动是业务主体，**我们日常工作中所从事的告警监控、故障处理、数据报表等都属于生产活动；二是传输承载服务，提供**传输承载服务是目的，**即一切生产活动的最终结果就是保障客户享受到稳定、可靠、低成本的网络连接服务。而网络 DevOps 平台，即是支撑网络运营生产活动开展的关键手段。

再来看看网络运营的业务战略。各类企业，不论是互联网企业，还是传统制造业企业，都有自己的企业战略，可能有时候大家听到的是另外的一类描述，如愿景、使命和目标，以及实现这些愿景的路线和方法。作为企业体系中的一个关键板块，网络团队同样有自己的愿景、使命和目标，例如"提供世界一流的基础传输网络""打造国内领先的网络基础设施"等。围绕这些愿景，虽然各家企业的战略、目标也会有所不同，但总结起来，大部分企业的管理层和业务团队都会对网络运营的三个方面比较关注——也就是我们经常提到的运营质量、运营效率和运营成本，这三方面同时也是网络 DevOps 平台设计所围绕的业务战略（三个核心战略）。

- **运营质量**：好的运营质量即提供高可用且质量指标（如时延、丢包、抖动）符合网络应用传输要求或者优于友商的网络承载服务。
- **运营效率**：好的运营效率体现在人均维护网络设备和人均网络运营事务的不断提升。
- **运营成本**：好的运营成本即通过架构优化、新技术引入等方式，不断降低设备单端口或者单 G 带宽的相关成本。

这三个核心战略不能只是华而不实的口号，而是需要基于本企业或者团队的实际情况，并结合企业的整体战略规划，通过设定一些量化的指标来体现。在我们的网络 DevOps 平台设计中，后续提出的路线、方法和平台规划等，全部服务于这三个核心战略。

接下来，就运用上一章学习到的方法论，开始网络 DevOps 平台的业务架构设计。如果企业里没有业务架构师这个角色，建议可以从网络运营团队中寻找一个或多个有一定资历的网工，找到那些专业技术有一定基础，对业务流程比较熟悉，同时对现有系统比较了解的专家，由他（们）带领大家进行讨论。讨论的方式，也不要再延续以往点对点"对需求"的方式，而是采用类似头脑风暴的方式，让业务架构师主导，让产品经理与研发人员、运营人员充分参与进来。

4.1.2　划分网络运营业务领域

这里说的网络运营是广义上的运营，包括网络基础设施及其资源（如网元、电路、IP 等）从计划建设到投入生产、服务业务所经历的多个环节。这里的网络即为 IP 物理网络。

1. 搭建网络运营的价值链

业务架构强调的是整体性，要以全局视角通览整个团队不同业务领域的生产过程。所以，在展开垂直的业务分析之前，必须先确立一个统一的分析框，作为观察各个业务线的统一方法，这里采用的是价值链模型。

价值链主要包括基本活动和支持性活动。基本活动是指生产过程，支持性活动则是指对基本活动起辅助作用及维持企业基本运转的各类活动。我们暂时不对这两类活动进行区分，并将网络运营的价值链模型归纳如图 4-1 所示。

规则制定　任务执行　数据存储　分析计算　反馈展示

图 4-1　网络运营价值链模型

如图所示的网络运营价值链模型，是根据多年的网络运营经验提炼出来的某一维度的价值链模型，仅供大家参考，读者也可以尝试着自己进行归纳总结。实际上，不同维度的价值链模型，意味着不同维度的业务领域划分。如果按网络运营生命周期的不同环节来划分业务领域（下一节中将要用到的某种方式），就可以看到，基本上所有的运营场景都会与该价值链五个环节中的全部或者部分相关。

比如告警，需要制定采集规则、告警规则；执行采集任务；将告警数据输送到 Kafka，或者存储到 Hbase；通过 Flink 或者其他计算引擎的判断是否满足规则；再将满足规则的数据呈现和通知出来。

再比如配置，需要制定配置模型；执行配置下发任务、配置备份任务；下发后的配置要即时备份，后续可能还有审计、审计结果展示等工作。

2. 划分网络运营业务领域

搭建好价值链这一"横轴"之后，就可以基于价值链的各个环节建立"竖轴"了——也就是不同的业务领域。业务领域的划分取决于企业的战略和价值定位，也就是准备为何种类型的客户提供何种类型的服务产品。

那么应该如何划分业务领域呢？有两种方式，分别是从客户出发和从产品出发。具体对应到我们网络运营的场景，可以引申出三种不同的业务领域划分方案：网络运营生命周期（从客户出发）、网络 DevOps 平台四要素（从产品出发）以及网络四化（从产品出发，包括可视化、系统化、自动化、智能化）。

（1）方案一：按照网络运营生命周期划分

每个业务领域及子领域代表了运营生命周期的不同环节及不同阶段（如图 4-2 所示），

这种划分的优势是应用的开发和维护边界划分更加清晰，也可以和团队的分工相对应。如果不同的环节由不同的产品和架构师负责，也可能会造成整体规划和设计的割裂。

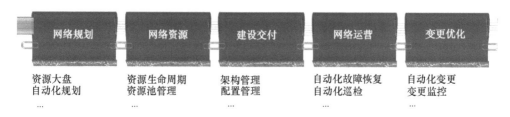

图 4-2　按照网络运营生命周期划分业务领域

- 网络规划：指分析网络和所承载业务的现状、特点、趋势，对网络的布局、架构、技术及资源做出计划，从而持续推进网络技术和网络能力的演进。
- 网络资源：对网络的各种物理、逻辑（包括虚拟）资源，从购买（或产生）到使用、下线，通过预测、池化、闭环等方式进行管理。
- 建设交付：建设网络基础设施，制定网络策略规范，最终形成可承载业务的单元能力交付给业务方使用。
- 网络运营：这里指狭义的网络运营，即传统的网络运维。网络及资源投入生产后，通过采集各类数据和指标，监控其日常运行情况，并在发生异常时及时处理。
- 变更优化：网络在配置、架构、容量上存在风险，或在设备存在软硬件 bug 时，可能给网络正常运行带来不稳定因素，因此需要在指定时间窗口（最好是业务闲时）处理解决。传统运营商一般称之为割接。

具体的每个业务领域中有哪些子领域，在图 4-2 中也列举了一些，但肯定不是全部，而且不同企业的划分和叫法也不尽相同，这里就不再展开描述，仅供大家参考。

（2）方案二：按照网络 DevOps 四要素划分

有人说，网络运营就是流程，因此做网络 DevOps，只要关注流程引擎和流程编排就解决一切了。事实真的是这样吗？

流程固然重要，但实际上，其往往只是将一些线下的过程转移到了线上，更类似于一个系统化的过程，而且仅仅覆盖了网络运营的一部分需求和场景，比如常见的监控告警、报表等，都不能单纯地通过流程来解决。

通过近年来在网络运营管控中各种需求解决和归纳总结，建议可以从**规则、流程、数据和控制**四个方面（即网络 DevOps 四要素），提供自助定义、编排和开发的能力，如图 4-3 所示。

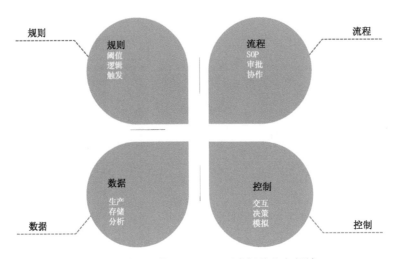

图 4-3 按照网络 DevOps 四要素划分业务领域

这种划分代表了网络 DevOps 平台需要的几大核心能力，优点是可以与平台的中台能力更好地匹配起来，能满足 90% 的运营场景的需求；缺点就是剩下的 10%，可能需要考虑用其他的能力来实现。

- 规则："无规矩不成方圆"。规则在网络运营中无处不在，随处可见。比如我们为告警所定义的阈值，自动化操作遇到分支时所做的判断逻辑，再比如对象间的关系，事件驱动情况下的条件等。可以说，规则是网络运营所有工作开展的标尺。规则是以各种形态存在的，可以是数值、表达式，或者是一个动作的完成事件，所以在进一步细分的时候需要更多的抽象和提炼；同时也可以按照适用的场景进行进一步的业务领域拆分。

- 流程：作为任何领域工作中都不可或缺的组成部分，流程用于将不同部门、不同人员、不同类型的工作、不同的环节串联起来。在网络领域，不同部门间数据、工作的流转，运营工作规范的操作 SOP，关键节点的审批、会签等，都是流程的典型应用。流程也可以再分为与业务属性无强关联的公务性流程和与业务属性强相关的操作流程。

- 数据：当今是一个数据的时代，需要更多的数据来帮助我们提升网络运营的质量和效率。同时数据也不再局限于以往那种报表类的使用场景，网工需要对数据的生产、存储等介入得更深，从而获得更有质量和更灵活的数据分析结果。数据和其他环节密不可分，既可以是流程的结果，也可能是规则（计算）的输入，或者是控制（决策）的依据，所以，数据无法单独存在。

- 控制：前面三点其实都是静态的要素，而网络 DevOps 平台的最终目标，是要通过与网络的交互，实现为其承载的业务提供服务。这里的控制既包括常见的开通、变更、关闭等交互，也包括通过各类数据的综合复杂分析，最终模拟、计算出网络的下一步发展走向，并下发具体的交互决策指令。

（3）方案三：按照网络四化划分

如今，不只是基础设施以及网络运营领域，在现代生活的各个领域，包括建设、交通、民生等方方面面，大家都在积极地向着"**可视化、系统化、自动化、智能化**"不懈努力。但在网络运营中，这"四化"的定义到底应该是怎样的？达到什么标准才算是实现了"四化"呢？我们尝试在网络 DevOps 项目中做一些规范性的定义（如图 4-4 所示），以供读者借鉴参考。

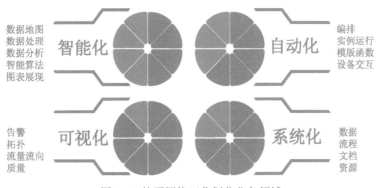

图 4-4　按照网络四化划分业务领域

应该说，"四化"的划分，代表了网络管控能力一个循序渐进的过程，优点是可以根据本企业或者团队当前所处的阶段，选择逐步推进或者直接切入某一阶段。缺点是应用与中台能力的匹配需要做更多的匹配和抽象。

1）可视化：一切从看见开始。

可视化属于最基本的需求阶段。没有管控平台的时候，网络更多是一个黑盒子，这里有太多的元素、事件、数据，如果无法掌握这些信息，会让网工觉得心慌慌。因此，网工对可视化的要求，更多体现在网络有什么，网络怎么样，网络发生了什么。

网络可视化的定义：网络中的所有资源（包括物理资源、逻辑/虚拟资源）、事件（包括告警、操作）、复杂数据（包括流量、流向、质量、拓扑）等，能够按照网络运营的需要进行采集、呈现和查询，并通过一些预定义的规则做出消息提醒和通知，如告警发布。

常见的一些可视化能力包括以下几类。

- 资源：很多企业都有网络的资源管理系统，将各类资源的名称、属性、状态等采集并存储下来供查询统计。
- 告警：这只是可视化的起步，通过 SNMP、Telemetry 等一些基本协议，采集网络软硬件的状态信息、日志信息和指标信息等，并将异常通报出来。
- 拓扑：拓扑其实也是一种逻辑资源，因为它是基于 LLDP 协议采集的信息计算和展现出来的。有很多团队喜欢花大量的精力去做拓扑图展示，但如果在实际维护工作中用不上，那么对工作的效率提升其实帮助并不大。但如果能将拓扑与一些自动化能力相结合，作为自动化中的一个组件或者一个补充能力，则能发挥其更大的价值。
- 流量：通过 SNMP 或者 Xflow 等协议，对网络端口流入流出速率或者数据包大小等进行采集、计算、存储，并根据诸如五元组的分类等做出各种分析，比如做一些电路组级别或者方向级别的数据聚合和展示等。当然，如果能够针对各种需要，从多种维度展开灵活分析，那就更好了。而这个差别就在于设计之初，对数据分区和分层的设计是否足够专业。

2）系统化：将线下的都搬到线上去。

可视化让大家可以看到网络的资源和状态，于是有了更进一步的需求，比如将一些保存在各自计算机或者纸质上的信息相互分享和及时同步，这就是系统化。在很多场景下，系统化和自动化的界限并不清晰，在此给出的相关定义都是出自网络运营的视角。

网络系统化的定义：将原来保存在本地文档内的一些信息通过平台进行存储和共享，并通过线上一些部门、人员间的流转，实现这些信息的传递、审批、处理等。相对于自动化，系统化更强调的是人与人之间的交互。

常见的一些系统化能力包括以下几类。

- 数据：各种数据库其实就是典型的系统化能力，不但能扩展数据的存储容量，更能实现灵活的数据查询、数据合并等处理。
- 流程：典型的就是 OA 的工作流了，将待办的任务通过系统流转到指定的部门、人员，进行审批、会签、反馈、处理等。
- 文档：现在很多公司都有自己的内部文档系统，用于将本地的 doc 文档进行线上管理，比如腾讯对外商用的产品文档。
- 资源：就是前面提到的可视化的资源信息，以往大部分都通过本地 Excel 管理，用系统管理后维度可以更多，也更新、更灵活。当然，可以认为资源也是数据的一种。

3）自动化：除非必要，人不能直接登录设备。

网工最频繁的工作就是登录设备敲指令，完成各种重复性的日常的维护操作，比如做配置备份或升级一批同型号设备的软件版本，进行一个集群几千台设备的配置下发。这些重复性的工作占据了网工近 8 成时间，如能从这类工作中解脱出来，去做更有价值的事情（比如从海量数据中分析出风险与隐患，进而让网络变得更可靠），才能体现网工的真正价值。

从另外一个角度来看，重复的事情一直做、不同的人做同一个事情，这两种情况下出错的风险会更高。

与系统化相比，自动化更强调的是人与设备的交互。广义上来说，我们可以将人与人、人与设备交互的多项工作整合在一起，统称为自动化。

网络自动化的定义：将日常登录设备输入命令执行的一些重复性工作，由系统以任务的形式周期性执行或者触发执行，一次可以执行单条或者多条指令，以完成一个或者多个独立的功能。

网络自动化的具体场景在这里就不罗列了，在网络运营生命周期维度的各个不同环节中都会涉及。

4）智能化：在数据中挖掘网络运营的关键信息，从人的决策转化到系统的主动决策（或称之为智能决策）。

近几年，很多网络领域的运营和研发人员都在提智能化，希望尽快推进和实现 IBN（intent-based networking，基于意图的网络），希望通过智能的方式实现网络一些智能决策和预测问题，例如仿真网络的故障，预测网络的流量发展等。

据了解，那些研究 IBN 的大厂，近年来还没有什么真正应用到生产中的体系化产出。大家所做的一些智能化典型案例，也仍然停留在那几个固定的场景。智能化就必须是算法吗？网络智能化就只能是意图网络吗？

网络智能化的定义：以网络运营生命周期中产生的大数据为基础，让网络运营人员担任数据科学家角色，通过对数据的整合和分析，挖掘出网络运营中的特性、趋势和风险等，对网络的调整和操作做出决策。

网络智能化的前提：数据存储。既包括在系统化中提到的数据存储，也包括在可视化中提到的数据的查询和展现。

同时，这里给出的网络智能化定义，还包含了从数据分析到机器学习的演进。再次强调：如果想真正意义上实现网络智能化，只有脚踏实地、扎扎实实地从第一步开始，切忌眼高手低。

本节介绍了划分业务领域的三种方法，其实可以把它们想象成一个坐标系：**网络运营生命周期，可以看作是一个 X 轴（横轴）；网络四化，可以看作是一个 Y 轴（纵轴）；网络 DevOps 平台四要素，则可以看作是一个 Z 轴，这个坐标系空间中的各个交集，就是网络运营管控的核心能力所在，如图 4-5 所示。**

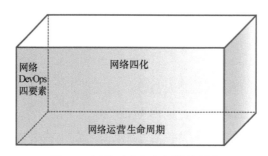

图 4-5　网络运营业务领域的划分

4.1.3　分析网络运营典型场景业务流程

业务领域划分之后，我们已经形成了价值链所代表的横轴和业务领域所代表的竖轴，那么接下来就需要进行业务流程的分析，即将一个业务领域中的所有业务处理过程按照价值链约定的范围进行分解，形成每一个价值链环节中的一个或者多个工作流。

在每个企业和团队中，由于所处的环境和协作关系等不同，所形成的 SOP（或类似产物）也各不相同，所以在这里就不全面地展开讨论了。为了方便大家理解，我们抽取了大家最熟悉也最希望做成自动化的两个业务子领域——自动化变更子领域和自动化故障恢复子领域，并梳理了它们的流程，以承接后面的应用架构分析。

1. 自动化变更子领域

自动化变更可以说是网络运营中比较复杂的一个领域了，不仅涉及的子域比较多，而且也会和其他子领域有较多重合的地方，所以我们特意挑选其作为一个典型的业务线来分析。

在这个场景中，可以将主流程视作常规的工作流，并伴有一些审批的动作；同时为了实现自动化，还有方案编排和自动化执行等与自动化强相关的工作。

根据运营经验，通过梳理现状、引入战略，最后梳理出来且在生产流程上经过验证的目标流程如下（如图 4-6 所示，可结合本企业或团队的实际情况进行补充和调整）。

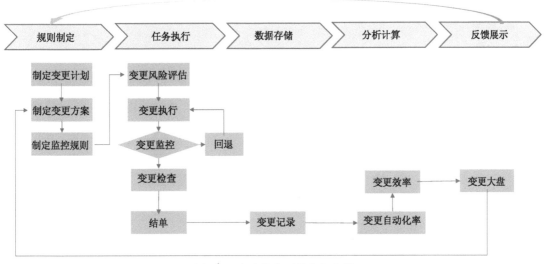

图 4-6　自动化变更的业务流程

制定变更计划——制定变更方案——制定监控规则——变更风险评估——变更执行——变更监控——（异常回退）——结单——变更记录——变更自动化率/变更效率分析——变更大盘展示。其中从变更记录开始往后的过程属于数据中台的范畴，我们将在数据中台部分进行分析。

其中：

- 制定变更计划、制定变更方案、制定监控规则属于预先配置的操作；变更计划触发生成工单，包括创建、审批、结单等功能。
- 第一次流程启动时可能需要制定变更方案这个过程，后续这个过程可以直接跳过，调用已经编排好的方案即可。
- 变更风险评估是一个计算过程，需要经过相关数据的输入，判断变更对业务的影响和风险。
- 变更监控可以是基础常规的告警监控，可以是基于 ICMP 的实时探测，也可以是业务指标相关的业务监控。变更监控可以作为一个可编排的子流程，根据具体场景的需要进行适当编排。
- 变更检查是一个子流程，根据需要进行设定并执行一组检查项目。
- 异常回退只会发生在变更监控异常情况下，即将变更执行下发的相关命令和操作退回到原始状态。
- 变更记录、变更大盘都属于后续的数据处理工作。

2. 自动化故障恢复子领域

自动化变更和故障自动恢复，是网络运营追求质量和效率的两大关键。自动化变更是为了减少故障发生、降低故障率，故障自动恢复则更多的是为了缩短故障处理时间、降低故障影响。

假设这里的故障自动恢复指的是端口隔离故障恢复场景，通过梳理现状、代入战略，最后形成的目标业务流程如图 4-7 所示。

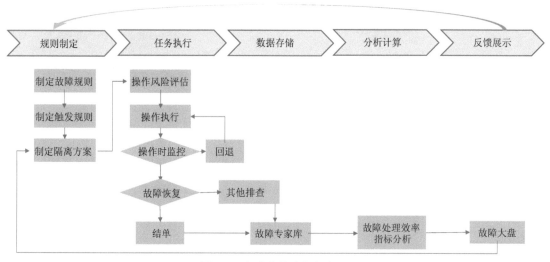

图 4-7　自动化故障恢复流程

制定故障规则——制定触发规则——制定隔离方案——操作风险评估——操作执行——操作时监控——故障恢复——结单——故障专家库——故障处理效率指标分析——故障大盘展示。故障专家库及后续过程属于数据中台的范畴，将在数据中台部分进行分析。

其中：

- 制定故障规则、制定触发规则、制定隔离方案都属于预先配置规则的动作；故障规则会触发工单，包括创建、转单、结单等功能。
- 操作风险评估、故障恢复都属于子流程，由自定义的一系列子操作组成。
- 操作执行属于子流程，由一系列命令、子操作组成。
- 操作时监控可以基于多种技术方案实现，其本身可以作为一个可编排的子流程，结合实际需要具体实施。
- 异常回退只会发生在操作异常情况下，即将操作执行下发的相关命令和操作退回到原始状态。

4.2　平台的应用架构设计

经过对几个典型场景进行流程梳理和领域驱动设计，整个平台的业务架构设计终于完成了！在这个过程中，小 P 又有了新的收获：自己从事的运维工作也可以用价值链来衡量；不管横向还是纵向来看，平时细分的运营工作和实际业务场景之间还有这么多的交叉点；现有的工作划分和流程上还有这么多可以优化的点……。

接下来，轮到产品经理上场进行应用架构的设计了。小 P 对刚刚抽调到项目组的产品经理开玩笑说："我觉得你们会的那些我都会，我以后要是转岗产品经理也肯定很称职。"产品经理笑了笑说："说说看，我们的工作都有啥？"

小 P 说："就是三板斧啊，收集需求、准备 PPT、再让业务方整理流程+画个想要的前端用户界面。"

产品经理微微一笑："哈哈，你说的这是需求经理吧，产品经理干的活可比这多多了，要汇总需求，写 PRD 文档，写产品文档，设计前端，跟后端沟通，协调产品落地，跟踪使用反馈……，而且这还只是传统单体系统的产品和应用架构设计流程，平台甚至中台型的就更复杂了，要做更多的透视和抽象工作。就拿你这个项目来说，我都得学习不少新东西才能开展工作呢。"

小 P 对产品经理拱手示意："我是开玩笑的。通过老 A 的培训，我已经知道了产品经理的活儿没那么简单，你可是需求方和研发之间的桥梁，你的工作太重要了！接下来应用架构设计这块可就全指望你了！"

产品经理回了个礼："放心，接下来整个平台的应用架构设计，我会全力配合！"

在已完成的业务领域划分及业务流程梳理基础上，将进一步划分业务子域、领域、模型、聚合，并根据功能相似则合并到一起的原则，不断地调整、合并，最终形成一个不再重复的针对单个流程的包含多个领域模型的应用架构。现在就让我们回到网络运营的实际场景中，仍以自动化变更和自动化故障恢复为例，来做两个具体的领域分析。在后面的设计中，会继续以这两个领域分析的结果为基础来寻找共性，发现中台需要共享的能力。

4.2.1　关键业务子域之一：自动化变更的应用架构

在上一章中已经介绍了在做应用架构的设计时，通过选取子域，并根据用例、业务场景或用户旅程完成事件风暴，找出实体、聚合和限界上下文，然后依次进行领域分解，最终建立领域模型。接下来，介绍如何完成自动化变更场景的领域建模。

（1）第一步：划分子域

按照流程来梳理和划分子域，即按照前述流程的大环节形成变更计划等 8 个子域。

（2）第二步：子域细分

根据每个子域的主要功能做进一步拆解（假设目前每个功能是一个子子领域），形成子子域。

- 变更计划：计划工单、通知通告。
- 变更方案：方案模版编辑，包括场景方案、指令模版、功能模版。
- 监控规则：数据采集、监控阈值。
- 风险评估：冲突检测、业务影响评估。
- 变更执行：变更方案命令执行、变更开始通告发布。
- 变更监控：告警可视化。
- 变更检查：配置检查项、执行检查命令。
- 变更结束：通知通告、日志入库。

图 4-8 是拆解后的各个子域及相应的子子域。

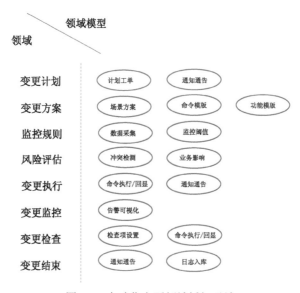

图 4-8　自动化变更领域拆解子域

因为对于自动化变更而言，变更执行是最核心的能力实现，因此暂且将**变更执行**和**变更方案**设置为核心子域。

（3）第三步：去重整合

在几个子域中存在明显重合的子子域，如图 4-9 所示通知通告部分和命令执行/回显部分。

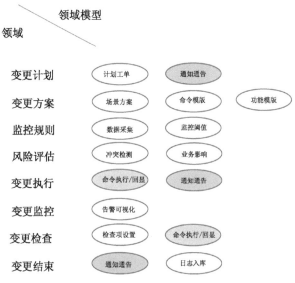

图 4-9 自动化变更领域拆解后的重复子域

把这几部分提取出来，暂时设置成两个单独的子域，如图 4-10 所示。

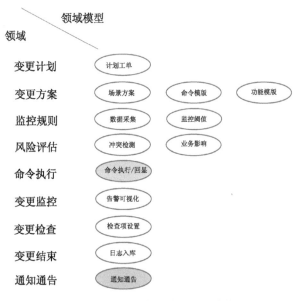

图 4-10 去重后的自动化变更领域模型

（4）第四步：归并调整

将类似的功能或者子子域调整归并到一个子域中，并更改子域的名称，如图 4-11 所示。

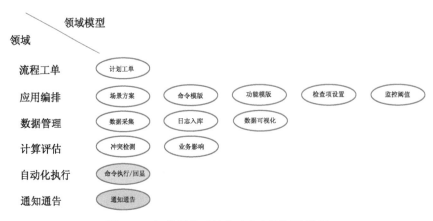

图 4-11　归并调整后的自动化变更领域模型

在这一步，将与流程相关的领域模型都放到"流程工单"子域中，"风险评估"子域名称调整为"计算评估"子域；将所有可以预先设置的包括场景方案、命令模版、功能模版、检查设置、监控阈值都归并到"应用编排"子域；将与数据相关的"数据采集""日志入库""数据可视化"都归并到"数据管理"子域；"通知通告"和"自动化执行"保持不动，作为其他两个子域。

经过归并调整，目前已经形成六个子领域，而在这个过程中可以看到，基本已经没有太多的"变更"场景的标记或者痕迹了，流程的环节也不是那么的明显了。

这个时候再来看，非常明显，核心域就是自动化执行与应用编排，这就是整个场景所需要的核心能力。

（5）第五步：领域模型细化

每个领域模型都可以进一步细化，以确定领域模型中的不同聚合，这样也更有利于微服务的开发。在进一步细化的过程中，也可以将使用频率较高的聚合单独形成领域模型，如图 4-12 所示。

在这里可以看到，计算评估的两个领域模型都用于设定评估的数据来源和明确评估的规则，因此可以采用相同的模式来处理。而流程工单，则可以进一步展开成为工单定义和工单操作两个领域。

这样，对于自动化变更这个领域，可以进一步生成如图 4-13 所示的领域模型。

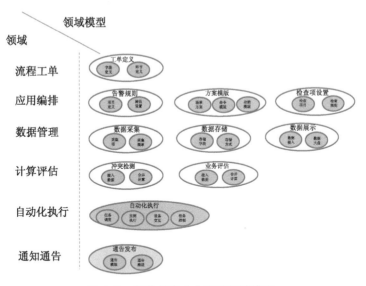

图 4-12　细化的自动化变更领域模型

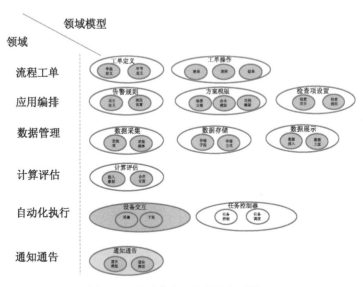

图 4-13　自动化变更领域的领域模型

(6) 构建对应的应用架构

最后，把上面六个领域进行分层，然后梳理它们之间的关系，就得到如图 4-14 所示的目标架构。

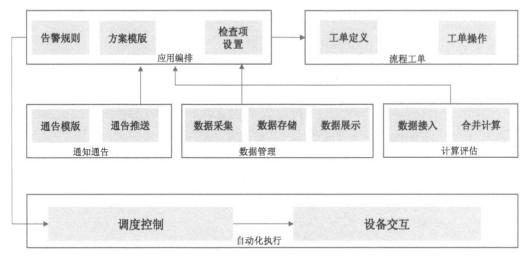

图 4-14　自动化变更领域的应用架构

4.2.2　关键业务子域之二：故障自动恢复的应用架构

采用同样的步骤再来一次，接下来，将对故障自动恢复进行领域建模。

（1）第一步：划分子域

按照已经梳理的目标流程来梳理和划分子域，即可按照前述流程的大环节形成告警监控等 7 个子域。

（2）第二步：子域细分

根据每个子域的主要功能做进一步划分，形成子子域。

- 故障规则：告警规则、告警工单、通知通告。
- 触发规则：触发规则。
- 风险评估：冲突检测、资源评估。
- 隔离执行：自动化执行、通告发布。
- 隔离后检查：检查设置、自动化执行。
- 操作结束：接单操作、数据保存、计算分析。

图 4-15 是拆解后的各个子域。

很明显，在这个场景中，核心的能力（也就是核心域）目前肯定是操作执行了。

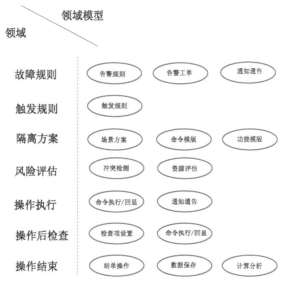

图 4-15　自动化故障恢复领域拆解子域

（3）第三步：去重整合

同样，出现频率最高的目前就是通知通告和命令执行/回显，可以把这两块能力先单独列出来，如图 4-16 所示。

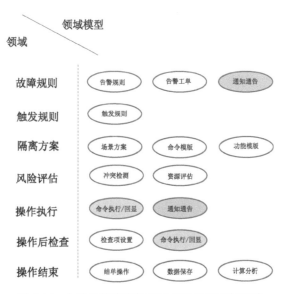

图 4-16　自动化故障恢复领域拆解后的重复子域

进行去重后的领域模型如图 4-17 所示。

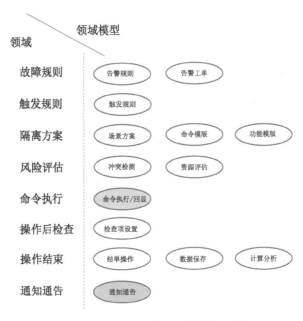

图 4-17　去重后的自动化故障恢复领域模型

（4）第四步：归并调整

将类似的功能或者子子域调整归并到一个领域中，并更改领域的名称，如图 4-18 所示。

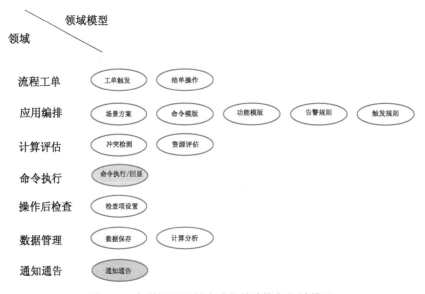

图 4-18　归并调整后的自动化故障恢复领域模型

在这里将所有可以预先设置的领域模型调整到"应用编排"子域,将工单管理相关的调整到"流程工单"子域,"评估"子域暂时保持不变。

(5) 第五步:领域模型细化

各个领域模型再进一步细化,确定其中承担关键业务能力的聚合。最后细化后的领域模型如图 4-19 所示。

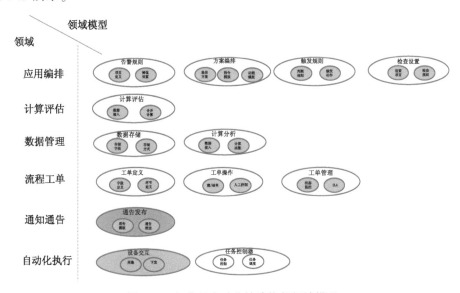

图 4-19　细化的自动化故障恢复领域模型

(6) 第六步:构建对应的应用架构

同样的,在最后,我们对上面六个领域进行分层,然后梳理它们之间的关系,得到如图 4-20 所示的目标架构。

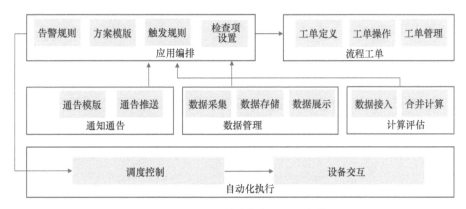

图 4-20　自动化故障恢复的应用架构

4.3 平台的技术架构设计

平台的技术架构设计由研发团队负责人牵头。研发负责人安排小 a 负责这个自动化相关的架构设计，小 b 负责监控相关的架构设计，小 c 负责控制器相关的架构设计……

两周以后，小 P 拿到了小 a、小 b、小 c 提交的设计方案。这些方案里，有的是物理上 Agent 的机房部署图，有的是大篇描述微服务，有的在架构设计和架构图的形式上就没有统一。而且每个方案都只有结果，并没有根据网络 DevOps 这个运营管控平台的特点给出相应的分析和推导过程。小 P 看着这五花八门的文档犯了愁。

于是，小 P 又去请教了老 A。

老 A 说道：学一套做一套，这种问题也很正常，大家应该是忽略了我们在方法论中提过的复杂度问题。好的技术架构，还是一定要从平台的复杂度分析开始，要先弄清楚平台在高可用、高性能、可扩展、规模、安全、成本这六个方面的复杂度，然后再结合你们团队的技术、人员等实际情况，进行技术选型和技术路线的选择。

至于最后的呈现嘛，其实可以有物理、逻辑、开发、处理等不同视角，研发团队做的方案也不完全错误。但是既然要建的是一个统一的平台，不同的场景或者业务领域在物理和逻辑两个视图上还是要统一起来的。

这样，咱们组织个讨论，先一起分析一下平台的复杂度吧！

技术架构是将产品需求转变为技术实现的过程，用于确定组成应用系统实际运行的技术组件及技术组件之间的关系（即架构模型），以及部署到硬件环境的策略。在平台的技术架构设计部分，将主要采取问题导向的方式，穿插着对一些技术及其运用进行介绍、分析和比较，并最终给出我们的建议。

4.3.1 分析平台的软件复杂度

根据软件架构设计的经验总结，在大部分场景下，复杂度的引入一般来自于"高性能""高可用""可扩展"等若干方面因素中的某一个，少数情况下会涉及其中两个，但如果真的出现需要同时解决三个或者三个以上因素所引发的复杂度，就必须要先进行各因素的优先级排序。

回到网络 DevOps 平台，对于在方法论中所讲到的六个复杂度，相信每位架构师都会给出自己的优先级排序。关于这个问题，我们所给出的排序结果是："高可用>可扩展>高性能>规模>安全>成本"。

1. 网络 DevOps 平台的高可用复杂度分析

网络 DevOps 平台的本质是运营平台，是用于网络运营日常活动异常发现和操作执行的平台，一旦平台不可用，或出现采集或者操作错误，哪怕只是一个响应上的延迟，都有可能造成不可估量的后果。所以**稳定、准确（包括数据、执行、结果反馈等）、及时（包括执行、响应、反馈等）都应该是对这个平台的首要要求，而且这些要求都应该通过可用性的度量充分体现出来**。

那么怎么实现网络 DevOps 平台的高可用呢？

最简单最基本的做法，就是**通过冗余部署来实现平台的容灾能力**。举个在很多企业都可能出现过的例子：在最初部署采集机或者探测机的时候，往往只考虑单机房部署。而机房级的中断（无论是故障或者是演练）往往是不可避免的，一旦发生，探测或者采集全部中断，监控告警一大片——而这种问题，通过两个或两个以上的多机房部署就可以避免。在条件具备的情况下，如果还能实施机房的异地容灾、异地多活，就更为理想了。

其次是自监控能力。在后面的实践要素中，将会提到**网络 DevOps 平台的一个关键能力就是平台治理能力，而平台治理能力的一个关键就是自监控**。不管是物理层面的采集、探测服务器，还是平台依赖的中间件，包括平台以中台能力的形式提供给上层应用的任务调度、流程引擎等，所有这些的状态描述、响应时间、执行结果，都需要平台在功能部署的同时，配套建立起相应的主动（自）监控能力，而不是什么都要等到用户申告才被动响应。由于网络 DevOps 平台强调运营自主开发应用，因此应用的监控也会变得异常重要，需要让应用的开发者、使用者都能直观地监测到应用实例的运行和调用等具体情况。

最后是反馈优化。**网络 DevOps 平台的可用性是需要同步建立一套度量指标体系的**，而且需要平台研发能够主动肩负起不断优化和提升指标的重任，真正形成从指标到优化举措再到指标的正向闭环。因此，需要将平台的可用性也纳入到类似于网络故障或者基础设施故障的定级和考核体系中来，这样才能不断地推动和保证平台的持续优化。

2. 网络 DevOps 平台的可扩展复杂度分析

网络 DevOps 平台的可扩展分为两个层面，一个是平台能力层面，二是平台应用层面。前者是指平台的功能可否满足不同类型、场景的应用添加与迭代；后者是指应用能否跟随运营经验的优化和演进,同步地实现平滑升级。这两个层面都可以基于平台设计时足够的抽象,通过灵活的组件来实现。

设计具备良好可扩展性的系统,一般有两个基本方法:一是正确预测变化,二是完美封装变化。从网络运营多年的演进历史来看,其业务领域、价值链、活动的类型等基本都比较稳定了,那些可能带来变化的因素,往往会出现在网络技术、软件技术和应用所依赖的 SOP 上。

其中,网络技术、软件技术的变化可以用第二个方法,即通过完美封装变化来解决——将"变化"封装在一个"变化层",将不变的部分封装在一个独立的"稳定层";或者提炼出一个"抽象层"和一个"实现层",其中"抽象层"是稳定的,"实现层"可以根据具体业务需要定制开发。以引入新的网络技术为例,诸如 SSH、gRPC、Netconf 等与设备交互的不同方式,可以放在"变化层"或者"实现层"中实现,而对应用层提供的编排和定义等,则可以全部封装在"稳定层"或者"抽象层"当中。

而解决应用的 SOP 的变化,则可以借助第一个方法,即正确预测变化来实现。既然业务领域和价值链基本是稳定的,那么可能出现的新的需求,往往来自于新的业务子域,或者是新的活动,或者是已有活动顺序的变化。虽然应用架构所分析的通用能力和核心能力,已经尽可能全地预测并覆盖到了运营中的所有活动,中台的能力也支持活动的重新编排,但预测的复杂性往往就在于不能为每个设计点都考虑可扩展性,而且所有的预测都存在出错的可能性。因此除了做好尽可能完整的预测以外(这非常依赖业务架构师和产品经理的能力和经验),还是需要通过"完美封装变化"的能力来应对一些预测不到的变化——这也是引入 DDD 的一个优势之所在,DDD 的分层架构和层次化元素,不仅能在每个组件内灵活地独立调整而不相互影响,也不会对整体架构造成影响。

3. 网络 DevOps 平台的高性能复杂度分析

把性能放到比较靠后的位置,并不是它不重要,而是相对于典型的 toC 应用,如微信、淘宝,或者商用化的 toB 产品,如健康云平台,网络 DevOps 平台的用户数、应用数、并发峰值并不会有那么大的压力。

但这并不是说网络 DevOps 平台不存在对并发有需求的场景,最典型的需求同时也是难点,包括对设备的并发操作的处理,包括对某些组件的局部压力的处理等。

对设备的并发操作处理上,既要考虑任务调度和流程引擎的压力,也要兼顾设备本身的连接和登录限制,这就需要我们在设计时充分考虑,假如设计每个原子任务执行都采取登录、注销设备的方式，那么就会给设备和 Agent 都带来很大的压力。

组件的局部压力，往往出现在配置组装时调用某些原子模版，比如批量执行配置端口 IP 地址这类原子指令，或者出现在对某些数据库的集中的调用或者访问上。前者可以用 Serverless 的云函数方式来解决，后者可以通过数据库的读写分离来解决。

4. 网络 DevOps 平台的规模复杂度分析

关于规模，可能大部分研发人员都不认为这是个问题。在原有烟囱式的开发中，当功能上的复杂度增加，现有的模块不能满足新需求时，可以再增加一个新平台，大不了对现有的"平台"进行重构。当数据上的复杂度增加，现有的数据存储不够用了，"拆"就是了，分库分表能解决一切。

像上一节提到的那个探测和采集机器部署的案例，机房部署上的简单考虑，往往就会伴随着程序上的简单化和无扩展能力。程序和算法都按照一个机房来设计，而完全未考虑 N = 1 以外的扩展问题，反正后续再花 3~6 个月的时间重构就好了。可如果我们提早就设计规划好了，即便初期受限于机房的资源，后续扩展也只需要修改 N 的值，所花费的时间自然也不用按"月"计算了。

对于网络 DevOps 平台架构，平台层是需要比较稳定的，因为重构和拆表往往会影响到上层应用的开发。换句话说，一个好的平台层至少在三年内应该是稳定的（当然这中间会做很多的优化和迭代），而不能在半年到一年时间内，就出现 1.0、2.0 甚至 3.0 等多个颠覆性的版本，如果真是那样，对上层的应用和开发者可就是致命的问题了。

5. 网络 DevOps 平台的安全复杂度分析

为了便于交互，网络运营平台和网络设备往往都会处于同一个内网中，同时配套更加精细的角色和权限控制，基本不会出现需要"防小偷"或者"防强盗"的风险，但从平台所处的环境和应用的属性出发，还是需要考虑以下两个方面的安全措施：

首先是与设备交互的备用通道。虽然内网环境可以避免外部的漏洞或者分布式拒绝服务攻击（Distributed Denial of Service，DDos）等攻击，但物理的破坏（包括电力、线缆等）可能仍然无法避免，所以除了常规的设备交互通道以外，一定要具备带外的设备登录能力。当然，如果这个通道能与带内通道在物理路由上隔离就更好了。但经常见到一种情况是，虽然考虑到了带内带外通道，却很少关注备用通道是否是畅通，这对"万一"时刻出现时的可靠性又埋下了一个不确定的因素。

其次是自动化的回退能力。相信业内人士都不止一次听到某某著名巨头，因为一个自动化操作，造成了怎样的故障，然后引起了股价怎样的跌幅。自动化的比例越高，出现不可预见风险的比例也会同步升高。所以不管是平台层面还是应用层面，对每一个自动化操作都要有回退的考虑和支持能力——这对应用开发者尤其重要。

6. 网络 DevOps 平台的成本复杂度分析

前面提到的高可用、高性能，都可以通过冗余的思路来解决，但冗余部署往往也会带来成本的提升。网络 DevOps 平台不同于计算或者存储集群，并不会消耗太多的服务器和带宽资源。同时在存储、计算这些中间件层面，也可以尽量复用企业自有或者云上的能力，因此把这一点的分析放到了最后。而且必要的成本投入，特别是用于企业可扩展性方面的投入，不应该成为困扰我们的复杂度问题。

4.3.2 确定平台的技术选型

技术架构设计所面临的最大挑战是不确定性，因为无论是解决方案，还是解决方案对应的技术框架或者技术组件，都可以有多种选择。总结我们日常做方案设计时，经常遇到同时困扰也最多的几个典型问题，主要包括以下三类。

- 是选择公司的通用中间件，还是选择自建中间件能力？
- 是选择开源的软件，还是选择自研的软件？
- 是选择最新的技术，还是选择最成熟和稳定的技术？

接下来，让我们一起从回顾一些和网络 DevOps 平台相关的基本的技术开始，逐一对这三个问题进行分析和回答。

1. 一些需要掌握的基本技术

这里提到的"技术"，更多偏向软件开发领域（网络技术的铺垫和发展在前文中已提及），毕竟网络 DevOps 平台能否成功以及如何成功，软件的架构和技术是不可忽略的因素。

不论此时的你是网工还是平台研发，也不论你是软件开发的"小白"还是资深专家，以下提及的，都是站在网络 DevOps 平台的技术选择角度，从基础中间件到应用开发再到可视化呈现，逐一梳理出来的相关知识点，是作为网络 DevOps 项目组中每一个角色都需要掌握的。

（1）数据存储

数据存储是在任何一个研发项目都不可忽略的，即便是那些从数据表开始的单体式系统。数据库已经成为我们不可或缺的首要技术组件，在大数据时代，不懂数据库几乎寸步难行。除了最基本的 SQL 查询，在网络 DevOps 中我们要自定义表结构，要创建数据仓库分层，都需要对数据库及其类型、操作有所掌握。

1）认识数据的类型。

抛开数据在网络中的来源和属性，先让我们单纯从数据本身来认识一下结构化与非结构化数据。这个知识点，对大部分网工来说往往是个盲区。

- **结构化数据**：是指通过二维表结构来逻辑表达和实现的数据，严格地遵循数据格式与长度规范，主要通过关系型数据库进行存储和管理。也称作行数据，一般特点是：数据以行为单位，一行数据表示一个实体的信息，每一行数据的属性是相同的。
- **非结构化数据**：相对于结构化数据，即存储在数据库里，可以用二维表结构来逻辑表达实现的行数据，不方便用数据库二维逻辑表来表现的数据称为非结构化数据，包括所有格式的办公文档、文本、图片、XML、HTML、各类报表、图像和音频/视频信息等，非结构化数据的数据结构不规则或不完整，没有预定义的数据模型。
- **半结构化数据**：是结构化数据的一种形式，虽不符合关系型数据库或其他数据表的形式关联起来的数据模型结构，但包含相关标记，用来分隔语义元素以及对记录和字段进行分层。因此，也被称为自描述的结构。常见的半结构数据有 XML 和 JSON。

而数据库就是用来存储和管理不同类型数据的仓库，数据库的优点非常多，比如：

- 可存储大量数据。
- 方便检索。
- 保持数据的一致性和完整性。
- 安全，可共享。
- 通过组合分析，可产生新数据。

从大的分类来说，数据库一般分为两类，即关系型数据库和 NoSQL 数据库。

关系型数据库模型是把复杂的数据结构归结为简单的二元关系（即二维表格形式）。常见的 SQL 命令，就是用来操作关系型数据库的。

非关系型数据库也被称为 NoSQL 数据库，NoSQL 的本意是"Not Only SQL"，指的是非关系型数据库，而不是"No SQL"的意思。因此，NoSQL 的产生并不是要彻底地否定非关系型数据库，而是作为传统关系型数据库的一个有效补充，而且 NoSQL 数据库在特定的场景下可以发挥出难以想象的高效率和高性能。

随着互联网 Web2.0 的兴起，在应对规模日益扩大的海量数据、超大规模和高并发的即时通信（如微博、微信）、SNS 类型的 Web2.0 纯动态网站等方面，传统的关系型数据库已经显得力不从心，暴露出很多难以克服的问题。由于传统的关系型数据库 I/O 瓶颈、性能瓶颈都难以有效突破，于是出现了大批针对特定场景，以高性能和使用便利为目的功能特异化的数据库产品，NoSQL（非关系型）类的数据就是在这样的情景下诞生并得到了非常迅猛的发展。

2）常见的几类数据存储技术。

MySQL：MySQL 由瑞典 MySQL AB 公司开发，属于 Oracle 旗下产品。MySQL 是一种关联数据库管理系统，关联数据库将数据保存在不同的表中，而不是将所有数据放在一个大仓库内，这样就增加了速度并提高了灵活性。

HBase：HBase 是一个分布式的、面向列的开源数据库，该技术源于 FayChang 所撰写的 Google 论文"Bigtable：一个结构化数据的分布式存储系统"。就像 Bigtable 利用了 Google 文件系统（File System）所提供的分布式数据存储一样，HBase 在 Hadoop 之上提供了类似于 Bigtable 的能力。它是 Apache 软件基金会的 Hadoop 项目的一部分，运行于 HDFS 文件系统之上，为 Hadoop 提供类似于 BigTable 规模的服务。因此，它可以容错地存储海量稀疏的数据。

HBase 是一个高可靠、高性能、面向列、可伸缩的分布式数据库，是谷歌 BigTable 的开源实现，主要用来存储非结构化和半结构化的松散数据。HBase 的目标是处理非常庞大的表，可以通过水平扩展的方式，利用廉价计算机集群处理由超过 10 亿行数据和数百万列元素组成的数据表。

缓存 Redis：Redis 是一个 Key-Value 型存储系统（与 Memcached 类似）。但 Redis 支持的存储 Value 类型比 Memcached 相对更多，包括 String（字符串）、List（链表）、Set（集合）和 Zset（有序集合）等。这些数据类型都支持 Push/Pop、Add/Remove 以及取交集、并集和差集等更丰富的操作，而且这些操作都是原子性的。为了保证效率，Redis 的数据都是缓存在内存中，但与 Memcached 不同，Redis 会周期性的把更新的数据写入磁盘或者把修改操作写入追加的记录文件，并且在此基础上实现了 Master-Slave（主从）同步。

Redis 是一个高性能的 Key-Value 数据库，它的出现，很大程度补偿了 memcached 这类 Key/Value 存储的不足，在部分场合可以对关系数据库起到很好的补充作用。同时，它提供了 Python、Ruby、Erlang、PHP 客户端，使用方便。

对象存储：和传统的文件系统不同，对象没有文件目录层级结构的关系。对象由元信息（Object Meta）、用户数据（Data）和文件名（Key）组成，并且由存储空间内部唯一的 Key

来标识。对象元信息是一组键值对，表示了对象的一些属性，比如最后修改时间、大小等，同时用户也可以在元信息中存储一些自定义的信息。

对象的生命周期是从上传成功到被删除为止。在整个生命周期内，除通过追加方式上传的 Object 可以通过继续写入数据外，其他方式上传的 Object 内容无法编辑，但是您可以通过重复上传同名的对象来覆盖之前的对象。

ClickHouse： 面向联机分析处理的列式数据库，支持 SQL 查询，且查询性能好，特别是基于大宽表的聚合分析查询性能非常优异，比其他分析型数据库速度快一个数量级。

ClickHouse 的主要特性包括数据压缩比高、多核并行计算、向量化计算引擎、支持嵌套数据结构、支持稀疏索引、支持数据 Insert 和 Update 等。

3）数据存储与网络管控。

在网络的领域中，数据的产生、数据的治理、数据的应用等场景都是极其复杂的。一个优秀的数据开发者，一个优秀的数据分析师，应该非常熟悉各种数据存储的特性，能够在不同场景下根据数据量、数据计算时效要求、数据之间关系等，选择不同的数据存储技术，并逐步构建数据仓库。

在某些以代码开发为主但缺乏数据技术积累的团队中，经常会看到"一切皆 SQL"的设计，即在设计中没有考虑数据的不同用途，动态数据就通过 Kafka 后处理，静态数据就直接存到 SQL，数据量超出了就分库分表。而在数据处理功力比较深厚的团队，同一份数据，如何实时处理、如何查询、如何长期保存等，一开始就规划得非常仔细：例如资源类的数据处理使用 SQL，并通过读写分离来减轻数据库被其他应用或者模块调用所产生的负载；原始告警数据的查询通过 Hbase 满足，而采集后的告警和流量等通过 Clickhouse 来满足；支持 Openconfig 形成的网络状态 KV 数据通过 Redis 缓存；而使用率不是那么高的非结构化的备份文件通过对象存储来满足等。

在网络 DevOps 的应用开发中，即便是通过"低代码"或者"零代码"来实现，传统网工也需要具备理解数据、理解数据存储的基本能力，这样才能根据数据类型、数据场景合理地选择存储方式。同时平台也要提供给应用开发选择不同数据存储方式的能力。

（2）消息队列

第二个要重点掌握的中间件是消息队列。相信很多网工都听过 Kafka，没错，Kafka 就是一种消息队列，但消息队列到底是什么？

1）消息队列的概念。

作为分布式系统中重要的组件之一，可以把消息队列比作是一个存放消息的容器，在我们需要使用消息的时候，可以取出消息供自己使用。使用消息队列主要有两点好处：一是通过异步处理提高系统性能（削峰、减少响应所需时间），二是降低系统耦合性。

目前使用较多的消息队列有 Active MQ、Rabbit MQ、Kafka、Rocket MQ 等。

2）消息队列的应用场景。

- 网站活动跟踪。成功的网站运营需要对站点的用户行为进行分析。通过消息队列的发布/订阅模型，可以实时收集网站活动数据（例如注册、登录、充值、支付、购买），根据业务数据类型将消息发布到不同的 Topic，然后利用订阅消息的实时投递，将消息流用于实时处理、实时监控或者加载到离线数据仓库系统进行离线处理。

- 日志聚合。许多公司每天都会产生大量的日志（一般为流式数据，例如搜索引擎 PV）。相较于以日志为中心的系统，例如 Scribe 和 Flume，消息队列在具备高性能的同时，可以实现更强的数据持久化以及更短的端到端响应时间。消息队列的这种特性决定它适合作为日志收集中心。消息队列忽略掉文件的细节，可以将多台主机或应用的日志数据抽象成一个个日志或事件的消息流，异步发送到消息队列集群，从而实现非常低的 RT。消息队列客户端可批量提交消息和压缩消息，对生产者而言几乎感觉不到性能的开支。消费者可以使用离线仓库存储和实时在线分析系统对日志进行统计分析。

- 流计算处理。在很多领域，如股市走向分析、气象数据测控、网站用户行为分析，由于数据产生快、实时性强且量大，很难统一采集这些数据并将其入库存储后再做处理，导致了传统的数据处理架构不能满足需求。而与传统架构不同，消息队列以及流计算引擎的出现，就是为了更好地解决这类数据在处理过程中遇到的问题，流计算模型能实现在数据流动的过程中对数据进行实时地捕捉和处理，并根据业务需求进行计算分析，最终把结果保存或者分发给需要的组件。

- 数据中转枢纽。诸如 KV 存储（HBase）、搜索（Elastic Search）、流式处理（Storm、Spark、Samza）、时序数据库（Open TSDB）等专用系统，都是为单一的目标而产生的，并因其简单性使得在商业硬件上构建分布式系统变得更加容易且性价比更高。通常，同一份数据集需要被注入多个专用系统内。

3）消息队列与网络管控。

从以上应用场景可以看到，队列可以将数据发布到不同 Topic，然后应用根据实际需要来订阅 Topic 并进行后续的处理。特别是在涉及实时流式计算的场景，可以实现数据的汇聚、传输、分发等能力，在团队或企业没有专用日志服务平台的时候，队列就起到了日志的转发和订阅的作用。同时，监控、状态、syslog 等各种网络日志的原始或者聚合数据，也可以通过队列发布，然后被下游的应用所订阅和适用，其中就包括接下来要提到的实时计算。

（3）实时计算

1）什么是实时计算。

实时计算也是网络运营场景中很必需的一个中间件。根据网络数据的来源，可以将数据分为实时数据、准实时数据和静态数据。这里定义实时这个概念，是为了强调这类数据到达后需要尽可能快的处理和计算，比如日志数据到达以后，需要秒级判断是否异常、是否需要告警。

从对数据的处理方式来看，又可分为批量计算和流式计算。

批量计算按数据块来处理数据，每一个 Task 接收一定大小的数据块（比如 MRmap），任务在处理完一个完整的数据块后（比如 128MB），将中间数据发送给 reduce 任务。

流式计算在上游算子处理完一条数据后，会立马发送给下游算子，所以一条数据从进入流式系统到输出结果的时间间隔较短（当然有的流式系统为了保证吞吐，也会对数据做 Buffer）。

批量计算往往得等任务全部跑完之后才能得到结果，而流式计算则可以实时获取最新的计算结果。

离线和实时往往指的是数据处理的延迟；而批量和流式指的是数据处理的方式，两者并没有必然的关系。事实上，Spark Streaming 就是采用小批量（Batch）的方式来实现实时计算。所以我们一般将实时计算也称为流式计算，将离线计算也称为批量计算。

实时流式计算有三个特征。

- **无限数据**：一种不断增长的，基本上无限的数据集。这些通常被称为"流数据"，而与之相对的是有限的数据集。
- **无界数据处理**：一种持续的数据处理模式，能够通过处理引擎重复处理上面的无限数据，能够突破有限数据处理引擎的瓶颈。
- **低延迟**：虽然延迟定义多少因场景而异，但我们都知道，数据的价值将随着时间的流逝降低，因此时效性将是需要持续解决的问题。

现在主流的实时计算引擎，主要有 Spark 和 Flink，尤其是 Flink，已经成为各大云厂商主推的实时（流式）计算引擎。

2）实时计算的应用场景。

- 实时 ETL 和数据流：实时 ETL 和数据流的目的是实时地把数据从 A 点投递到 B 点。

在投递的过程中可能添加数据清洗和集成的工作，例如实时构建搜索系统的索引、实时进行数仓中的 ETL 过程等。

- 实时数据分析：数据分析指的是根据业务目标，从原始数据中抽取对应信息并整合的过程，例如查看每天销量前 10 的商品、查看仓库平均周转时间、查看文档平均单击率和推送打开率等。而实时数据分析则是上述数据分析过程的实时化，一般会以实时报表或实时大屏的形式进行呈现。

- 事件驱动应用：事件驱动应用是对一系列订阅事件进行处理或做出响应的系统。事件驱动应用通常需要依赖内部状态，例如欺诈检测、风控系统、运维异常检测等。当用户行为触发某些风险控制点时，系统会捕获这个事件，并根据用户当前和之前的行为进行分析，决定是否对用户进行风险控制。

3）实时计算与网络管控。

网络管控离不开实时计算的支持，在上述的典型应用场景中，实时数据分析和事件驱动应用都是在网络运营场景中应用比较多的，比如通过对网络实时数据的实时分析及展示，发布网络的流量总数、告警总数和告警分布；再比如按照既定规则做复杂告警的收敛计算或根据安全策略判断客户的安全申请是否审批通过等。

（4）数据分析

伴随着网络运营不同场景在线上的实现，会产生很多的业务数据，帮助我们识别问题、提升能力。以往做网络分析和网络规划时，以为 Excel 在手，数据分析无敌手。可是发现当上游数据不断刷新时，自己效率再高也痛苦不堪：数据不断合并、去重、清洗，再刷新计算，而且做出来的图表总感觉不够新颖，或者不能完全地表达出自己想要呈现的效果。

在数据分析和交互、探索性计算以及数据可视化方面，Python 与其他开源和商用领域的特定编程语言/工具非常接近，而且由于 Python 有各种不断改良的库，便于开发者使用，使其成为数据处理任务的得力工具。掌握 Python 常用的库，对于搭建数据中台，做一些比 Excel 更深入的数据分析，很有必要。

1）数据分析方面重要的 Python 库。

Numpy：Numpy 是 Python 科学计算的基础包。提供了以下功能。

- 快速高效的多维数组对象 ndarray。
- 用于对数组执行元素级计算及直接对数组执行数学运算的函数。
- 用于读写硬盘上基于数组的数据集的工具。
- 线性代数运算、傅立叶变换，以及随机数生成。

- 用于将 C++、C、Fortran 代码集成到 Python 的工具。

Pandas：提供了能够快速便捷地处理结构化数据的大量数据结构和函数。

- Pandas 用得最多的对象是 DataFrame，它是一个面向列的二维表结构，且含有行标和列标。
- Pandas 兼具 NumPy 高性能的数组计算功能以及电子表格和关系数据库（如 SQL）灵活的数据处理功能。
- Pandas 提供了大量适用于金融数据的高性能时间序列功能和工具。

matplotlib：最流行的用于绘制数据图表的 Python 库，非常适合创建出版物中使用的图表。matplotlib 跟 IPython 结合得很好，因而提供了一种非常友好的交互式数据绘图环境，绘制的图表也是交互式的，可以利用绘图窗口中的工具栏放大图表中的某个区域或对整个图表进行平移浏览。

IPython：是 Python 科学计算标准工具集的组成部分，它为交互式和探索式计算提供了一个强健而高效的环境。IPython 作为一个增强的 Python Shell，目的是提高编写、测试、调试 Python 代码的速度。

无论是 Numpy、Pandas、Matplotlib，还是 IPython，都建议大家尽可能地多做了解，当基于数据中台能力构建数据分析或者机器学习的完整流程时，通过将这些库作为基本能力导入，然后编排到数据处理或者可视化的环节中，可以更简单高效地支撑全流程中某些需求的落地，而不用自己再去写一些功能性函数。

2）数据分析的大致过程。

以前做数据分析时，第一步就是找各个相关团队和干系人要数据，然后把源数据放在本地硬盘后，写入公式，再选择图表。如今的大数据时代，首先的不同就是数据类型的多样化和数据量的规模化。数据来源上有实时数据、准实时数据、静态数据，数据格式上有结构化、非结构化；数据存储上有数据仓库、数据库、对象存储、流式数据等。

总结一个数据分析的完整过程，主要有以下几个步骤。

- 数据接入：这里接入的数据，有可能是本地硬盘上的数据、数据库数据、数据仓库内数据，或者 ES、队列上的流式数据。
- 数据集成：做各种类型的数据 join，包括关系型数据库表之间的 join，维表与流式数据的集成。
- 数据处理：数据处理的步骤比较多，包括数据探索、数据可视化（初步）、数据清洗、数据转换、特征缩放等。

- 数据可视化：主要借助一些开源的可视化前端组件，如 Grafana、Kibana 等，实现个性化的数据展示。
- 数据挖掘：如今数据分析的目的主要是从数据的分析结果中，找出规律、趋势和深层次问题，从而为高层决策提供依据。

3）数据分析与网络管控

现在的数据分析师已经职业化了，但无论哪个行业的数据分析师，都需要在对业务的背景、问题等有深刻了解的前提下，才能在海量数据中挖掘出有意义的信息。从对数据本身的理解上来说，可以说网工是极其有优势的，因此由网工来承担这个领域的数据分析师也是可行的。

（5）机器学习

进入运营应用开发的进阶阶段后，就可以灵活地运用机器学习来解决一些疑难问题了，因此，也可以把机器学习看作数据分析的进阶。

1）什么是机器学习。

机器学习是通过编程让计算机从数据中进行学习的科学。

一个更广义的机器学习的概念是：机器学习是让计算机具有学习的能力，无须进行明确编程。——亚瑟·萨缪尔，1959。

一个工程性的机器学习的概念是：计算机程序利用经验 E 学习任务 T，性能是 P，如果针对任务 T 的性能 P 随着经验 E 不断增长，则称为机器学习。——汤姆·米切尔，1997

2）机器学习善于以下四种场景。

- 需要进行大量手工调整或需要拥有长串规则才能解决的问题。机器学习算法通常可以简化代码、提高性能。
- 问题复杂，传统方法难以解决。通过机器学习方法可以找到解决方案。
- 环境有波动。机器学习算法可以适应新数据。
- 洞察复杂问题和大量数据。

3）机器学习的流行框架。

- Scikit-learn：Scikit-learn 致力于使用通用的高级语言（如 Python）将机器学习带给非专业人员。它非常易于使用，并且实现了许多有效的机器学习算法，是 GitHub 上第二高星级的机器学习库。
- TensorFlow：是使用数据流图进行分布式数值计算的更复杂的库。TensorFlow 是 Google 开发的，支持大型机器学习应用程序，并于 2015 年 11 月开源。

4）机器学习的分类。

根据是否在人类监督下进行训练，分为监督、无监督、强化学习和深度学习。

监督学习：表示机器学习的数据是带标记的，这些标记可以包括数据类别、数据属性及特征点位置等。这些标记作为预期效果，不断修正机器的预测结果。常见的监督学习有分类和回归。

- 一个典型的监督学习任务是分类，如我们常用的垃圾邮件识别和过滤。
- 预测目标数值，这类任务称为回归。

无监督学习：表示机器学习的数据是没有标记的。机器从无标记的数据中探索并推断出潜在的联系。常见的无监督学习有聚类和降维。

- 聚类：在聚类工作中，由于事先不知道数据类别，因此只能通过分析数据样本在特征空间中的分布，例如基于密度或基于统计学概率模型等，从而将不同数据分开，把相似数据聚为一类。
- 降维：是将数据的维度降低。例如描述一个西瓜，若只考虑外皮颜色、根蒂、敲声、纹理、大小及含糖率这 6 个属性，则这 6 个属性代表了西瓜数据的维度为 6。

强化学习：是带有激励机制的，具体来说，如果机器行动正确，将施予一定的"正激励"；如果行动错误，同样会给出一个惩罚（也可称为"负激励"）。因此在这种情况下，机器将会考虑如何在一个环境中行动才能达到激励的最大化，具有一定的动态规划思想。强化学习最为火热的一个应用就是谷歌 Alpha Go 的升级品——Alpha Go Zero。

深度学习：我们要想机器具有更强的智慧，除了拥有大量的数据以外还要有好的经验总结方法。深度学习就是一种实现这种机器学习的优秀技术。深度学习本身是神经网络算法的衍生。深度学习改变了传统的机器学习方法，迄今已在语音识别、图像理解、自然语言处理和视频推荐等应用领域引发了突破性的变革。

5）机器学习与网络运营。

在网络运营中，可以将机器学习看作数据分析的一个进阶和发展，并且可以将机器学习看作数据分析全流程中的一个可选步骤（数据处理后的数据可以作为机器学习的数据源）

分类、聚类、可视化、回归算法都可以帮助网络对运营数据进行深度的分析和挖掘。而数据分析则可以为机器学习提供干净、准确的数据。所以这两个部分可以在数据中台的一个流程中集成起来，而集成的能力就来自于我们的网络 DevOps 平台。

记得曾经和一个研发负责人讨论，能否将机器学习引入到网络运营的业务场景中，结果被直接拒绝，原因是对方认为机器学习对于普通的网工门槛太高，必须通过引入专业的算法人员才能引入。其实不然，深度学习或者算法的研究确实有一定的难度，但是通过函数库实现的常用算法，已经具备了被普遍运用的条件。

（6）应用开发语言

对于开发应用，从事网络运营的朋友们首先要掌握的就是开发语言，因为在业务功能和业务数据的开发中都要用到。这里强调的主要是应用开发相关的几种语言，与平台开发相关的 Java 和 Go 等不再提及，因为对中台和应用而言，平台开发的语言并无明确具体要求，只要求代码层面逻辑准确，稳定可靠。同时，也不要刻意去追求最新最热门的应用开发语言的，比如非要用 Java 开发应用，这样无疑会提升应用开发的门槛，也会给应用的交接增加难度。

1）Python。

首先提到的肯定是 Python。

在网络 DevOps 的开发中，哪些地方可以用到 Python 呢？例如与设备交互的原子模板的编辑（具体组织结构在后面描述），例如数据采集和配置中的结构化处理，例如关键判断逻辑的编写，例如数据处理相关节点的开发等。在整个 DevOps 的应用开发中，Python 都将起到不可忽视的关键作用。

再强调一下，在网络 DevOps 平台提供的中台能力上开发应用推荐使用 Python。至于平台开发，建议用 Java 或者更高级的语言来进行。

2）JSON/XML。

JSON（JavaScript Object Notation，JS 对象简谱）是一种轻量级的数据交换格式。它基于 ECMA Script（欧洲计算机协会制定的 JS 规范）的一个子集，采用完全独立于编程语言的文本格式来存储和表示数据。简洁和清晰的层次结构使得 JSON 成为理想的数据交换语言。易于人们阅读和编写，同时也易于机器解析和生成，并能有效地提升网络传输效率。

JSON 很容易看懂，也便于转换成表格形式展示，比较适合在 YANG 建模、自定义非关系型数据结构、自定义规则中使用。

JSON 和 XML 的可读性可谓不相上下，一边是简易的语法，一边是规范的标签形式，同时都是文本格式，很容易学习和上手，也能支持任何类型的数据。对于网工而言，这两种语言也是必须掌握的主要语言。

在基于 Netconf 或者 gRPC 的网络配置建模或者状态建模过程中，以及一些用户自定义告警条件等场景中，网工将感受到 JSON 和 XML 两种标记语言带来的便利和简洁。

3）SQL。

在大数据时代，不会 SQL 基本不能生存。

通过网络 DevOps 平台的数据中台搭建数据仓库，创建数据的分层模型（ODS/DWD/DWS/ADS，具体见数据中台），离线或者实时的计算都需要用到 SQL 语句。作为网工，SQL 语言必须要掌握，基本的 DDL（数据定义语言）、DML（数据操作语言）、DQL（数据查询语言）也要能够熟练操作和运用。

4）Markdown。

Markdown 是一种可以使用普通文本编辑器编写的标记语言，通过简单的标记语法，它可以使普通文本内容具有一定的格式。它允许人们使用易读易写的纯文本格式编写文档，然后转换成格式丰富的 HTML 页面，Markdown 文件的后缀名便是".md"。

在运营中有很多需要由网工定义格式的场景，如公告、通知、邮件，掌握基本的 markdown 语法即可轻松定义格式灵活的模板，而不再需要开发人员一个一个场景地去定制化定义了。

（7）前端组件

不管什么类型的后台程序，最后都要通过手机或者 PC 的前端呈现出来。作为中台，网络 DevOps 平台的前端能力也是要求灵活复用的，如果每一个应用都需要从零开始进行前端定制开发，就说明中台复用和赋能的能力并没有真正地实现。

像数据的展示和增删查改、网络拓扑的展示、数据分析后的可视化，现在业界都有很成熟的开源组件，只要将这些开源组件的基本配置集成到网络 DevOps 的平台中，就能实现应用者对前端展示的可定义，从而摆脱之前那种对前端强依赖的状态。

抛开以往各种前端开发人员通过 VUE 或者 React 框架开发的定制化界面，网工比较熟悉的是用于展示数据分析结果的两种前端应用：Grafana 与 Kibana。应用开发时自主配置这两种数据看板，并嵌入到网络 DevOps 平台中，是一种比较灵活的实现方式。

1）Grafana。

Grafana 主要用于大规模指标数据的可视化展现，是网络架构和应用分析中最流行的时序数据展示工具，目前已经支持绝大部分常用的时序数据库。React 的特点如下。

- 可以对接多种数据源。
- 可以定义自己的仪表盘。
- 可以选择显示的样式（柱状图、折线图、点等）。
- 可以配置告警规则、告警通知等。

如果能把 Grafana 的相关组件能力集成到平台中自然最好，也可以将处理过的数据保存到中间数据库或者数据仓库，然后对接自行开发的 Grafana 工具。

2）Kibana。

Kibana 是为 Elasticsearch 设计的开源分析和可视化平台。我们可以使用 Kibana 来搜索,查看存储在 Elasticsearch 索引中的数据并与之交互。基于 Kibana 可以很容易实现高级的数据分析和可视化,以图表的形式展现出来。

Kibana 可视化控件基于 Elasticsearch 的查询。利用一系列的 Elasticsearch 查询聚合功能来提取和处理数据,再通过创建图表来呈现数据分布和趋势。

Kibana 的使用对数据源有限制——必须是来自于 ElasticSearch 的数据,使用前我们肯定需要先有 Elasticsearch,因此灵活度不如 Grafana。

2. 技术选型中常见的四个问题

(1) 问题一:关于中间件,选择公司通用 or 自建

这个问题大概率会发生在具备一定业务规模,特别是多条业务线的企业。而在一般的初创公司,或者业务线比较单一、整体研发或维护能力较弱的企业,则基本上不会存在。很多企业建设中间件平台的初衷就是为了"去重",解决重复建设和资源浪费的问题,也只有在拥有多业务线且业务较为复杂的公司中,才会存在对中间件的大量需求。

假设公司已经有较为成熟和稳定的中间件平台了,作为网络团队经常遇到的一个问题就是循环依赖,即如果网络管控平台部署在中间件平台上,而中间件平台又依靠网络来传输,一旦网络发生了较大规模的异常,管控平台就会因此而瘫痪,从而造成由于无法发现和定位网络异常,进一步地扩大异常的影响范围和时长的情况。

因此有些团队在面对这样的问题和挑战时,直接就放弃使用已有的中间件平台,但这并不是最好的办法,只是在回避问题。

首先,业务规模到一定程度的公司,包括数据库在内的各中间件都会采取灾备部署,并有一定的逃生方案,即便不具备以上能力而只能降级,仍然可以通过协商将网络管控流量的优先级提高来处理。而且有统一中间件的企业,一般都会有专业负责维护的团队,在这些中间件的功能、性能、故障处理上都会有专业的保障。特别是随着容器技术的成熟和发展,这些中间件对承载业务的调度和逃生能力也会越来越强。

其次,在网络自身的架构和部署方面,设备、路由、线路等不同层面,都有灾备冗余的要求和考虑,除非是出现不可抗力的灾害或者事故,出现较大规模异常的可能性还是较低的。

再者,企业级的中间件平台,往往在开源框架上做了很多功能和性能上的优化以及二次

开发，解决了开源自身存在的一些缺陷和漏洞，也提供了很多方便开发者和使用者的能力，具有很好的可用性。

最后，如果坚持采取自己部署的方式，由于只能用物理服务器来实现真正意义上的隔离，往往又会遇到服务器性能的限制，即便做到了双机房甚至多机房的部署，每个机房的服务器数量也是有限的。在这种情况下，部署的性能、效率和安全性能与中间件集群根本无法比拟。

所以，在这个方面的考虑建议做得更加周到全面一些。

充分调研所要依赖的中间件集群的分布、灾备能力情况，同时分析其所在机房的各类冗余能力，并与网络各类控制器集群的部署统筹考虑。

必须做单独部署的，可以考虑公司的云资源，通过独立专区的方式来保证资源上网络管控平台的安全，因为相对而言，云资源的可靠性肯定要高于传统物理机。

切记，不要为了解决一个问题，而造出另外一个更大的问题。

（2）**问题二：**关于开发路线，选择开源软件 or 自研

有的网络团队研发资源有限，面对起步时大量的基础需求，在其网络管控"工具"的开发上就倾向于"开源即最好"的路线，采用"拿来主义用现成的开源软件或工具实现所有需求"。

收到业务方的需求，首先想到的不是用什么架构去解决，以及架构的可扩展性，而是直接在类似 github 的网站上搜索现成的解决方案或者开源的代码资源。久而久之，就开发出了很多个解决有限需求的有限平台，什么能力都有，但都是独立而且没有统一规范的，甚至连开发语言都是不统一的，一旦需要增加新的功能或者需要在不同"平台"间打通，就只能重构，于是再开始新一轮搜索开源资源的过程。

而另外一种模式，则什么都靠自力更生、自主研发。在这种模式下，对于前面一节中提到过的循环依赖问题，为了解耦得更加彻底，干脆连一些中间件的能力也自己来开发。不能用 Flink 了，那就自己构建一套类似的流处理系统，把类似的功能实现出来，坚决与开源和公司的能力划清界限。

上面说到的这两种情况，都是很极端的做法。在实践中，我们既不要"重复造轮子"，又要"制造需要的轮子"，应从实际出发，基于对业务需求和技术方案要点的透彻分析来做出正确的选择。

首先，不要重复造轮子。针对一些比较通用的中间件相关的技术框架，像流计算、队列，甚至于以后要用到的一些机器学习算法，都已经有了一些相当成熟的技术或者框架，且

已经在很多公司或者场景下有了非常多的应用，成熟的社区也在推动这些技术的持续发展，因此直接拿来用就好了，从而节省大量时间和精力。

其次，要制造需要的轮子。针对一些网络运营领域相关的技术，例如设备交互、告警、厂商 CLI 转换、路由等，千万不能完完全全地选择"拿来主义"，看了几个 Demo，程序能跑起来，就开始部署到线上应用了。这就好比只是看了一下开车指南，没有好好练习就直接开车上路了，显然是非常危险的。

因此建议大家从以下几个方面来考虑和选择开发路线。

- 分析清楚需求背后的所有问题，并分析清楚开源框架到底能解决其中哪些问题，尤其是那些最关键的复杂度问题能否都被解决。
- 开源的框架是否有扩展能力，是不是有强相关、太耦合的业务逻辑，后续是否有二次开发和扩展的可能。
- 团队成员是否熟悉各类框架和开发语言，如果团队成员都只熟悉 Java 语言，非要采用 Golang 开发的程序，后续何谈维护和扩展。
- 做好灰度和压力测试，一定要通过多个场景和维度的测试，避免出现问题。
- 将开源组件封装成独立的模块并保持其纯洁度，通过强化一些周边能力如做好一些运行监控、调用监控等，尽可能地发挥其长处并且减少改动。

（3）问题三：关于技术，选择最新的 or 成熟稳定的

关于技术与业务在发展上的相互关系，可以从两个不同的维度来看待：对于产品类业务，用户往往更加关注的是其功能，因此一般是技术创新推动业务发展；而对于服务类业务，用户往往关注的是规模，因此一般是业务发展来推动技术进步。

如果将网络 DevOps 平台当作一类业务来看，应该属于服务类业务。因为作为网络 DevOps 平台的用户，即网工，更多关注的是管控平台的服务能力，所以其也更适用"业务发展推动技术进步"这个思路。

从场景来分析，其实网络运营这个领域基本处于一个相对稳定的状态，在做好业务架构和应用架构的分析以后，基本上不会出现很大颠覆性的变化。从技术角度分析，除非是网络本身技术上的一些发展引入的变化，如 SR 需要的控制，如 Erspan 需要的可视化数据分析能力，单就管控平台自身所需要的技术，一般不会发生太大的变化。

所以在系统软件技术的选择上，需要考虑的最大因素就是规模了，即该技术能否支持网络的用户规模、业务规模、设备规模、运营规模的持续性发展。因此需要在技术方案的选择上，着重考虑规模发展带来的存储、计算等方面的一系列需求，比如应该如何提升存储后查

询的响应效率，如何提升大数据量日志计算的效率等。

所以总体来说，建议网络管控平台的技术以选择稳定和成熟的技术为主。但稳定不代表保守，还是需要在技术选择和规划上充分与网络本身的规划相统筹，做好诸如网络设备与用户规模的规划、网络效率与稳定性提升的规划等，从而在某些技术选择上做出一些前瞻性的考虑，或者随着网络本身的发展进行调整。

举个例子，比如告警规则的判断这个能力，在最初规模较小、日志量也不大、时效要求不那么高的时候，可以通过自己写的一些硬代码（指把逻辑、计算等都写入代码，而不是借用专用中间件来实现）来实现规则的匹配和计算；随着数据量即日志量的提升，则需要 Flink 来实现规则的流计算，并提升计算效率；随着复杂的收敛规则的引入，就需要将规则匹配的能力做进一步分离，通过 Rule Eng 等规则引擎来实现。

（4）技术选型总结

前面三个问题的分析，最终都会回到架构设计的三个原则上，本书在前面的技术架构要求中做过描述，这里再总结一下。

合适就好。并不追求在技术上做到国内领先甚至世界领先，而是要从实际出发来分析团队的资源情况。有的团队一共就不到十个开发人员，而且对于一些新兴的公司而言，校招生以及从业经验在两年以内的研发人员占一多半，技术能力是有限的，所以选择合适的技术，更有利于快速地形成稳定的平台基础能力。

不追求技术上的一流，并不影响最终打造一流平台的目标。

力求简单。开发了几十上百个平台并不能证明团队有多"牛"，反而会凸显缺乏规划的缺陷，并且会给后续的系统互联带来越来越高的难度。做中台、做微服务，同样不是越多越好，既要考虑微服务数量带来的服务间的逻辑复杂度，也要避免单个服务内的业务逻辑过于复杂。

所以要充分运用 DDD 领域驱动设计，既要做好微服务间的边界设计，也要规划好微服务内的实体与聚合。

不断演化。软件系统与硬件系统的最大差异就在于其可扩展性，可以通过修改和扩展，不断地让软件系统具备更多的功能和特性。如果一个软件系统一直处于优化和演进过程中，可以证明其具有蓬勃的生命力，反之如果一个系统长时间处于停滞的所谓稳定状态，那估计离寿终正寝就不远了。

网络 DevOps 平台，可以随着业务的发展，在微服务甚至更小颗粒度的聚合间不断调整，实现平滑地演进；同时随着网工运维经验的持续提升，平台持续地支持上层应用不断优化和发展。但这种演进应该是平滑地扩展，而不是不断地重构，特别是换一个研发人员接手就重构。

4.3.3 平台的技术架构实现

从不同的角色视角去看待技术架构，得到的是不同的视图，也就是常提到的 4+1 视图：

- 逻辑视图：从终端用户角度看系统提供给用户的功能以及它们之间的关系。
- 处理视图：从系统自身的角度看运行过程中软件组件之间的通信时序、数据的输入输出。
- 开发视图：从程序员角度看系统的逻辑组成。
- 物理视图：从系统工程师角度看系统的物理组成，即系统的物理部署。
- 场景视图：从用户角度看系统需要实现的需求。

这一节我们就来重点介绍网络 DevOps 平台技术架构的逻辑架构和物理架构部分。

1. 网络 DevOps 平台的逻辑架构及实现

（1）平台的架构模型

系统的功能模块在应用架构中已经进行了提炼和总结，我们目前更关注这些功能应该用一种什么样的关系组织起来。在架构设计方法论那章已经介绍过，软件架构模型有分层模型、SOA 模型、微服务模型。具体到网络 DevOps 平台中的软件架构模型选择上，建议采用微服务。

1）微服务的特点。

微服务创始人 Martin Fowler 给微服务下的定义：微服务提倡将单一应用程序划分成一组小的服务，每个服务运行在其独立的进程中，服务间采用轻量级的通信机制互相沟通（通常是基于 HTTP 协议的 RESTful API）。每个服务都围绕着具体业务进行构建，并且能够被**独立地部署**到生产环境、类生产环境中。微服务的两个本质就是：把单体式的系统拆分成更小的自治而解耦的服务；服务之间通过轻量级的机制通信。

当前主流的微服务架构，主要为 Dubbo（阿里 HSF 是二代的 Dubbo）和 Spring Cloud。

微服务中有一套完整的技术栈，保障微服务的正常运转，包括服务开发、服务配置与管理、服务注册与发现、服务调用、负载均衡、服务接口调用、服务路由、服务监控、全链路追踪。

2）为什么选择微服务。

网络 DevOps 及网络 DevOps 平台的一个重要目标就是实现对业务需求的快速响应。

这个快速一方面是指网络管控平台上相关功能、数据的快速提供；另一方面是指对网络运营优化举措的快速适配。

这个快速又如何实现呢？一是应用的快速开发，可以通过低代码开发应用与中台来实现；二是开发后功能与应用的快速发布与交付，可以通过 DevOps、云原生的能力来实现。

在低代码开发实现中，可以将应用分为基础应用和场景应用，其中基础应用可以通过微服务来实现，并能为更上层的场景应用所引用。

在中台实现中，同样可以将在应用架构中识别拆分出来的应用组件通过微服务来实现，做到不同应用组件的自治与解耦，如图 4-21 所示。

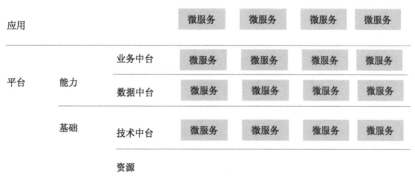

图 4-21　微服务与平台

微服务最值得称道的是其"能够被独立地部署"的特点，即依赖被推迟到了"运行时"，实现了类似于"组件独立交付""组件运行时动态扩展""组件技术异构"等系统特征，能更好地实践和发挥 DevOps 中的持续交付、自动化发布等优势。

同时微服务也是一种云原生的最佳技术实践，将传统单体应用尽量分解为更小的微服务单位，将微服务部署的依赖转变为更加轻量高效的容器单位，能够更好地实现应用的持续敏捷交付能力。

再有，微服务框架中成熟的服务治理能力，以及微服务治理的监控和告警等能力，都是应用开发与平台开发解耦后，应用实例运行所必备的。通过选择成熟的微服务框架，可以避免从零开始开发。

此外，微服务还可以实现网络 DevOps 平台的可扩展性。**对于可扩展性的实现，最有效的办法就是"拆"，从流程方面拆分出分层架构，从服务方面拆分出 SOA、微服务架构，从功能方面拆分出微内核架构等**。需要强调的是，网络 DevOps 平台是中台化的平台，既能满足通用功能的去重、复用，也能实现功能之间的松耦合和协作。所以较之于层与层之间强依赖的分层架构、中心化 ESB 的 SOA 架构，在本书中，建议选择微服务架构作为这个企业级平台的软件架构，既包括整体上采用微服务的分层架构，更细维度上在领域层拆分不同的微服务，在微服务内部的颗粒度上又进一步拆分更多的实体和聚合。

微服务架构自身也有多种模型，包括 DDD 分层架构、整洁架构、六边形架构等，这几种模型看起来"长"得不一样，但本质上都考虑了前端需求的变与领域模型的不变，通过划分应用层和领域层，来承担不同的业务逻辑。因为我们在应用架构设计和业务中台能力识别，以及微服务设计中都用到了 DDD 领域驱动设计的方法，所以我们在本书中将采用 DDD 分层架构作为微服务的架构模型。

3）微服务是否必需。

在网络 DevOps 中通过业务中台为运营应用提供复用能力。但这种复用能力是否一定要用微服务的方式来提供呢？业务中台和微服务之间又是什么关系呢？

从企业架构层面上看，微服务是**技术架构**层面的事情，不一定解决的就是业务中台要解决的复用的问题。一个系统为了解决诸如模块弹性等问题，也可以是微服务架构的。而中台都是**应用架构**层面的事情，中台是平台发展的下一站，是平台为了更好地赋能前台业务，通过自身的不断治理演进，向业务不断靠近，包含了更多业务元素和业务属性的产物。

业务中台要解决的是业务能力如何快速复用的问题，就算背后是一个大单体，只要暴露出来的 API 能够满足业务能力快速复用的目的也是可以的。

所以并不是一定要用微服务来搭建业务中台。在不同的互联网公司，有的公司极度推崇微服务，即便是最原子的基础应用，也希望用微服务的模式来管理；有的公司又非常抵触微服务，认为其实 API 可以搞定一切，没必要引入那么复杂的分布式架构。

（2）平台的逻辑架构

综上所述，选择微服务+DDD 分层架构来构建网络 DevOps 平台的逻辑架构。还是以前面在应用架构分析中提到的自动化变更场景为例，根据业务子域的不断细化，对应的逻辑架构如图 4-21 所示。

至此，虽然还没识别出多个场景可复用的中台，但是肯定会存在跨中台的微服务调用，所以这里设置了一个服务于前端的后端层层（Backend for Frontend，BFF，服务于前端的后端），BFF 微服务与其他微服务存在较大的差异，就是它没有领域模型，因此这个微服务内也不会有领域层。BFF 微服务可以承担应用层和用户接口层的主要职能，完成各个中台微服务的服务组合和编排，可以适配不同前端和渠道的要求。对应后面将要提到的技术方案，这层就相当于流程引擎。

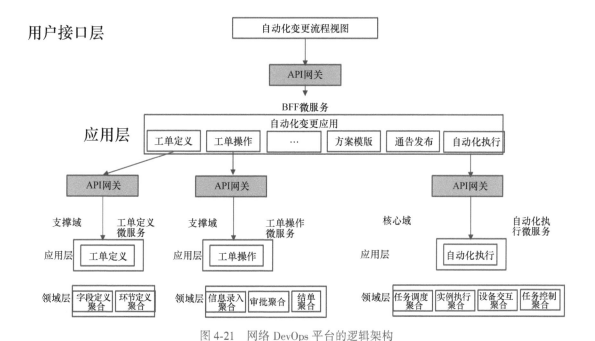

图 4-21　网络 DevOps 平台的逻辑架构

2. 网络 DevOps 平台的物理架构及实现

物理架构或者说物理模型用于定义软件系统在物理上是如何部署的，规定了组成系统的物理元素、物理元素之间的关系以及他们的部署策略。同时，随着技术不断演进，特别是云原生技术的快速应用，部分物理架构的落地，已经可以"软实现"了。

（1）问题识别

网络运营涉及的平台需求类型比较多，有的团队因为研发人员数量不是特别多，往往是 1~2 人负责一个项目。在物理部署的管理上，如果没有一个架构师统一管理，往往会出现没有统一的规划和安排，每个人负责自己的服务器的部署，有的单机房、有的双机房、有的双 AZ，还有的见缝插针有资源就安排。每个"平台"都有自己的物理部署架构和视图，但这样就会导致一些"状况"出现。

首先就是资源浪费，物理服务器资源本身有限，每个平台独立考虑，必然做不到资源的复用。

其次是灾备实现面临困难，一方面要避免对中间件的循环依赖，一方面搞不清楚自己能力的灾备能力，造成的后果就是部分模块可能根本没有办法使用上中间件的逃生能力。

再有就是与系统内模块间依赖不匹配，有些没有交互的模块可能在同一个机房内部署，而有些模块间的调用可能极为频繁，却分布到了距离较远的机房，调用的时延得不到保证。

通过中台来实现网络 DevOps 平台，虽然不再像以往那样都是独立的烟囱式的应用了，但多个核心中台、通用中台和支撑中台的部署同样是需要统筹考虑的，其相互之间，其与应用层之间的调用同样会很频繁，缺位的物理架构设计和部署，一定会给我们后续的稳定运行带来巨大隐患。

综上所述，一个好的平台物理架构应该满足如下要求。

- 能满足软件复杂度分析中所提出的高可靠、高并发、可扩展、安全等复杂度问题。
- 满足微服务的快速开发、发布、部署和迭代的需求。

（2）问题解决

从可用性上考虑，不管是底层通用的技术组件，还是具有业务属性的业务技术组件，还是上层开发的各种运营应用，最好是具备异地灾备（跨 Region）+就近访问（双机房）的部署能力，但往往由于资源和成本等方面的原因而无法实现。同时，当面临一些性能上的压力时，有时仅靠硬件服务器的持续扩容并无法有效解决。所以，建议在物理部署时通过云原生的方案来实现。

1）什么是云原生。

云原生是 Matt Stine 提出的一个概念，它是一个思想的集合，包括 DevOps、持续交付（Continuous Delivery）、微服务（Micro Services）、敏捷基础设施（Agile Infrastructure）、康威定律（Conways Law）等，以及根据商业能力对公司进行重组。

云原生是一种构建和运行应用程序的方法，它利用了云计算交付模型的优势。云原生聚焦如何创建和部署应用程序，而与位置无关，这意味着应用程序位于云中，而不是传统的数据中心。

云原生计算基金会（Cloud Native Computing Foundation，CNCF）给出的云原生定义更为狭义，CNCF 主张使用开源软件堆栈进行容器化，其中应用程序的每个部分都打包在自己的容器中，动态编排，以便每个部分都被主动调度和管理，以优化资源利用率和面向微服务的应用程序，以提高应用程序的整体灵活性和可维护性。

2）为什么选择云原生。

在软件架构中，我们已经选择了微服务架构，而微服务本身就是云原生的一个最佳技术实践。

　　微服务作为网络 DevOps 平台中的应用与中台层的技术实现，其从开发态到运行态到运维态的完整生命周期都能够通过云原生技术平台得到满足和保障——开发态（微服务开发框架，低代码开发），运行态（容器云 PaaS），治理态（Service Mesh，服务治理）。

　　云原生的底层技术即容器化平台即服务（Platform as a Service，PaaS）小而灵活，而且具备编排属性和能力，方便微服务进行敏捷开发和迭代，快速的交付和响应，同时也方便部署和托管到容器中。

　　网络 DevOps 平台所面临的复杂性问题，如高可用、高可靠、高弹性和高安全等各个方面，都能够利用云环境所能够提供出来的规模化和集中化等优势得到解决。

　　3）云原生上的技术架构。

　　通过将微服务在云原生上部署，同时结合网络运营对设备的采集控制能力分布要求，形成"平台+（中台）+应用"的物理架构，如图 4-22 所示。

图 4-22　网络 DevOps 平台的物理架构

- 平台层：云 IaaS／云 PaaS+采集控制 Agent。
- 中台层：微服务。
- 应用层：应用微服务。

　　前面提到的高可用、高并发、高可扩展性的问题，及对微服务部署的支持，都可以由基于云原生的 IaaS+PaaS 层来满足。

从业务到技术，三个逻辑层面的架构设计已经完成了，大家松了一口气，研发团队摩拳擦掌地准备开发了：我们不是已经完成两个场景的架构设计了吗，那就先做这两个场景吧！我们人员都安排好了，两个人，一人负责一个场景。

小 P 问道：有个分批选择设备或者服务器灰度测试的功能，这块谁来实现呢？

研发人员对这个问题感到很奇怪：我们现在的控制器都是每个人独立开发的，那当然就是做一个统一设计，我们再分别实现啊。

老 A 摇了摇头：所以说吧，你们太着急了，架构设计的路其实才刚走了一半呢。你们现在是按照多个领域完成了纵向的梳理，但是既然想通过提升应用研发的效率和质量来加快对业务的响应，那中台是必需的，必须要识别出可复用的能力，不然做出来的还是"烟囱"。所以，接下来我们就要更进一步，从垂直的系统架构设计深入到横向的中台设计。

第 5 章
网络 DevOps 平台的中台能力设计

小 P 想请老 A 介绍一下阿里的业务中台，希望可以直接对照着设计自己的中台。老 A 摇了摇头说："中台是和业务相关的，阿里的业务中台是贴近电商类的业务，你们要实现的是网络运营方面的业务，两个领域完全不同，是完全不能复制的。

业务中台、数据中台和技术中台，较之我们以往接触的大平台、数据湖或者数据仓库、中间件，一个最大的区别就是向业务更近了一步，更具备为业务服务的能力。在业务中台中，我们需要识别可复用的业务模式和业务功能；在数据中台中，我们需要关注数据的集中、治理和数据服务的生成；在技术中台中，我们需要依据业务中台与数据中台的需求，围绕业务决定，对技术组件进行更符合业务需求的改造和优化。和企业架构设计一样，我们还是得先从业务作为起点。

5.1 设计业务中台

老 A 问小 P，通过企业架构设计，你觉得你梳理的两个场景有没有可以复用的能力？

小 P 回答：有！而且还有不少，比如说自动化这块，命令下发、命令执行。

老 A 赞同地说：对，我们在应用架构设计中用到的 DDD 方法，可以继续在中台设计中发挥作用。你梳理的那几个典型场景的业务流程和领域模型，可以做个透视，就像把几张透明的图叠加在一起，找到的重合的点，就是到业务中台的关键组件。

小 P 说：但我心里也一直有个问题，一直在说业务中台，那有业务前台和业务后台吗？

老 A 笑了：好问题！那咱们就聊聊业务中台。

在开始运营业务中台的设计之前，先要厘清网络运营领域中的前台和后台，这也是当前很多研发与运营人员都比较困惑的概念。

- **前台**：是网络运营人员开展各类生产活动的入口或者触点，也是网络运营人员进行应用承载和服务提供的基础支撑。通过前台，网络运营人员可以开发应用、管理应用和使用应用。
- **后台**：主要是指网络运营生命周期中产生的各类核心数据的采集、存储、下发以及基础的 CRUD 操作。这些核心数据包括但不限于网络资源数据、网络配置数据、网络状态数据和网络用户数据。

这里重点讲讲后台。从网络运营来看，后台主要具有以下几个特点：

后台面向的是企业或者部门的核心资源，如数据、资产、安全等。具体到网络运营这个领域，与设备交互的那些基础操作，如采集、下发，也可以属于后台。

后台的业务逻辑，比较常见的有审计、增删改查、审批、面向设备的任务调度等。后台的业务逻辑不会经常变化，而且当其面向不同的前台时，逻辑也基本是一致的，较复杂的业务逻辑只能在前台实现。

后台有自己的前端界面，但主要用于核心资源的基础操作，面向的是特定的后台维护人员，并不会直接暴露给前台或者前台的用户。

5.1.1 网络运营对业务中台的需求

网络运营对业务中台的需求总结下来主要是以下几项。

1. 支持运营生命周期各类生产活动的快速响应能力

这个响应能力指支持生产活动稳定高效地部署、执行、优化、管控等。这个需求强调的是快速。

同时，快速响应有两个方面，一方面是对网络运营生产的快速响应。以往的单体式系统，一个系统从需求收集、设计到上线灰度、业务迁移、验收，往往半年不止，这还不包括后续不断地迭代；而运营的各类生产流程由于处于不断的优化与改进中，需要在最短的时间内实现平台上的部署或调整，实现日级甚至小时级的部署，肯定要比以往动辄月级的部署高效得多。另一方面是对网络的业务方的响应，主要是指对业务的服务能力。在业务方希望通过网络的管控来配合业务层进行监控、探测甚至调度时，可以通过对已有能力进行快速封装，以微服务或者 API 等方式提供出去。

2. 支撑云网运营生产活动的复用能力、赋能能力和用户自助能力

这项需求强调的是复用、赋能和自助。

复用包括业务流程、业务功能、业务数据、数据流程等方面的复用。这些复用的能力如同乐高积木一般，而积木的拼装手册就是由运营人员提供的各类 SOP。相信大家已经发现了，在前面两个场景的业务架构和应用架构设计过程中，虽然处于运维和变更两个不同的业务域，但它们在业务流程上是相似的，在业务功能上有很多重合的点，甚至像告警这类的数据，也都是可以集成接入的。

这个拼装出来的"积木"，最终是要用于生产活动的，必须能够赋能给运营人员，以实现生产流程的线上化和自动化，实现数据支撑的智能决策，实现稳定性、效率的真实提升。

这里要强调一点，复用不是复制，虽然只有一字之差。复制往往指相同或相似的设计，在不同的系统中分别开发，最终功能相似，由于管理、开发和数据都是分开的，因此还是属于"烟囱"的一种形态。

自助，就是要充分贯彻"应用开发"的理念，中台既要向业务靠拢，也要支持与业务之间的解耦，能够通过足够抽象的面向应用层的服务能力，帮助网络运营人员以应用开发的模式来定义自己需要的规则、数据和流程。当然，这种开发的方式可以有不同形式，如代码形式、配置形式或者完全图形化的拖拽形式。

3. 一站式全链路管理云网运营各类生产活动

这是指对云网运营中各类生产活动生命周期内全链路流程、数据、界面的统一和融合，这项需求强调的是一站式。

在当前的实际生产中，很少能在一个界面内完成相关运营场景的所有操作。一个典型的例子就是变更场景：登录的设备窗口，过程中要观察的告警、通知、探测界面，要查询的数据……，需要关注的实在太多。界面间切换多了，就有可能把命令交叉贴错，造成严重后果。

所以一站式首先希望的就是界面的统一，至少能平滑地引导、切换，并集中呈现所有需要关注的重要数据信息。当然界面统一不是目的，最终还是要实现对云网运营生产活动的全链路管理。

5.1.2 通过 DDD 识别网络 DevOps 的可复用能力

业务中台要为前台的运营活动提供可复用的业务能力，所以业务中台设计的关键就是如何识别可复用的能力。

而中台的设计基本上就是一个从上到下结合从下到上的过程，如图 5-1 所示。

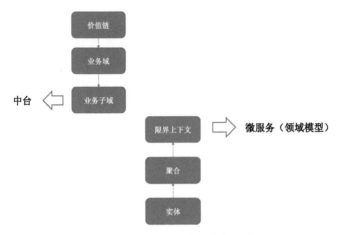

图 5-1 网络 DevOps 平台的中台设计过程

在上一章，我们已经依照 DDD 的业务建模的方法，在企业架构的应用架构设计中，对自动化变更及故障自动恢复两个业务领域，从实体到限界上下文，做了业务领域的建模分析。接下来，将在建模的基础上来理解中台和领域的关系，看看从这两个场景中可以找出哪些通用的能力来。

1. 第一步：观察、比较

先把两个业务线（场景）放到一起，比较目前它们都有哪些领域和领域模型，如图 5-2 所示。

可以看出，经过之前应用架构的建模过程中的多次收敛，两个业务线已经有很多相同或者类似的领域及领域模型了。毕竟这两个场景都是与自动化强相关的业务。

2. 第二步：调整、合并、去重

接下来，把类似和相同的领域及领域模型进行合并以及去重，得到图 5-3 所示的领域模型。

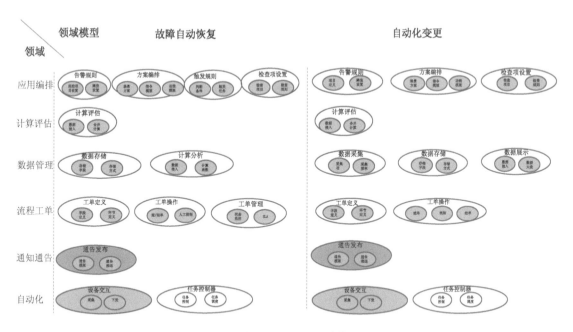

图 5-2　两个业务场景的领域模型对比

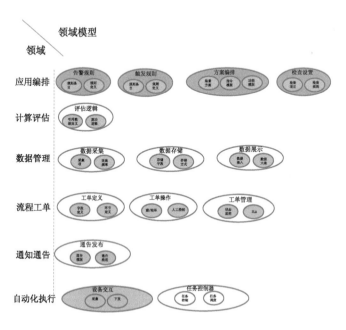

图 5-3　合并去重后的领域模型

现在还剩 14 个领域模型,不仅去掉了对当前场景的耦合,而且考虑了对未来类似场景的匹配和通用,像计算评估、可视化、通知通告等,显然也是其他很多场景可以使用的。

再一起来分析下两个模型较多的领域:流程工单和应用编排。

先看流程工单。目前有三个领域模型,工单定义、工单操作、工单管理。工单定义是定义建单和结单的字段类型、属性等,为不同工单提供个性化的字段区分,通过流程编排,定义工单流转的节点、处理人等属性;工单操作是指建单、结单这类基本的动作以及人为的重启、停止等这些针对具体工单的动作;工单管理对工单的运行状态进行通知、排查,以及SLA 监控等。这三个领域模型各司其职,并没有重合的地方。

再看应用编排,目前有告警规则、方案编排、触发规则、检查设置、回退规则共五个领域模型。告警规则用于定义告警项、关联监控项、阈值、后续事件等;方案编排用于将不同的组件(具体我们会在应用开发部分详述)按照业务逻辑编排和组装起来;触发规则可以看作一类判断节点,根据结果判断选择不同的分支操作;检查设置可以看成类似于组件编排以后的直接调用。

这样就可以再做一次收敛,将检查设置也作为一类编排,然后并入到方案编排中。

调整后的领域模型就变成如图 5-4 所示。

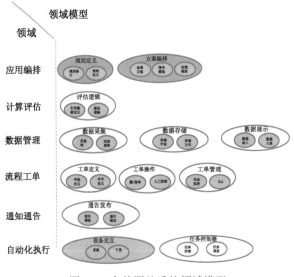

图 5-4　合并调整后的领域模型

以上展示的就是从两个业务线(或者说场景)推导出来的领域和领域模型的过程,供大家进行参考和借鉴。在这里,要强调的是方法和思路。希望大家可以运用这种方法,结合自己所在企业或者部门的实际情况进行细化、抽象和提炼，最后形成自己的成果。比如也可以把通知通告中的模版能力放到应用编排中，同样不失为是一种好的尝试。

如果有更多业务线该怎么办呢？很简单，依照类似方法推导，然后寻找共性。当然，也可以先把已有的通用领域套用进去，再补充特殊的能力或者需求。

5.1.3　定义网络 DevOps 业务中台的功能模块

1. 了解领域与中台的关系

之前的两节主要是对领域的重合度进行识别，那领域和中台到底有什么关系呢？

欧创新老师在"DDD 实战课"中定义的一张图（图 5-5），很清晰地描述了领域和中台的关系。

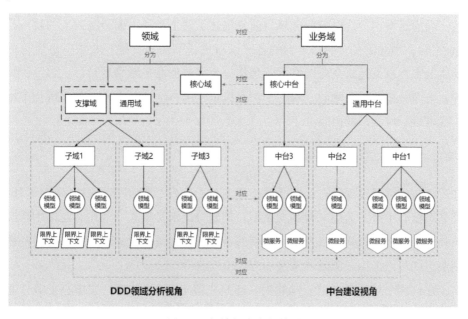

图 5-5　领域与中台的关系

显然，在领域与中台的对应关系中，领域与业务域相对应，子域与中台相对应，领域模型当然对应着领域模型，而限界上下文则对应着微服务。

2. 认识网络 DevOps 平台的业务中台

接下来，将之前经过能力可复用识别后的重构的领域模型图，再对应到业务中台上，其结果如图 5-6 所示。

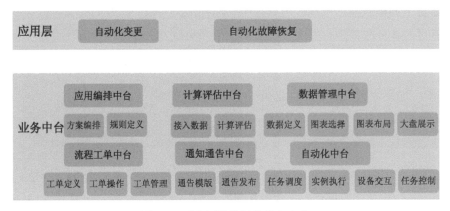

图 5-6　两个领域推导的业务中台

当然，因为是举例，这里的业务域目前只描述了两个场景，而最终我们的目标是搭建网络 DevOps 平台，因此需要对网络运营的各个领域进行不断地拆解、收敛，最后再聚合到网络运营整体上来，也就是将全部网络运营当作一个完整的业务域来看待。

另外，上面分析的六个领域，每一个都可以定义为一个业务中台，然后再往下细分的领域模型，就可以对应我们的微服务了。

3. 确定核心中台与通用中台

不知道细心的读者发现没有，前面关于中台的分布图，是不是觉得好像少了什么？对，缺少的就是对核心中台、通用中台和支撑中台的划分。定义核心、通用和支撑中台，是为了确定资源和资金的投入策略，以及技术选型的考虑，比如可以优先实现核心中台的能力，对一些通用中台则可以采用开源或者购买的方式来实现等。

那么，在这两个场景中又是怎样的呢？还是先按 DDD 的方法，把核心子域、通用子域和支撑子域拆分出来。

- 核心子域：很显然，就是自动化执行。
- 支撑子域：从具有网络运营特点的通用能力来看，应用编排比较符合。
- 通用子域：不属于网络运营独有的能力，而且在其他的行业或者领域可能也会需要，比如工单流程、通知通告这些能力。

结果很明显，**核心中台**就是自动化执行；通用中台就是**支撑子域**和通用子域的合集：流程工单、应用编排、计算评估、可视化和通知通告。

4. 梳理业务中台的关键能力

虽然已经抽象出了几个关键的业务中台，但对这些业务中台而言，哪些又是最需要的关键能力呢？

我们从核心中台、支撑中台、通用中台中各选择了一个来分析，具体过程就不再赘述了，直接给出结果。

（1）核心中台

即自动化中台，其关键能力就是与设备之间的自动化交互，包括命令下达和信息的采集与返回。说起来简单，其实要点还是不少。

- 设备的范围，即确定命令下达的设备范围，也就是目标执行设备。
- 执行的时间，涉及确定设备执行命令的方式，比如是即时触发还是周期性触发又或者是定时触发。
- 返回数据的解析，即对返回数据进行结构化解析并存储。
- 安全控制，比如设备的读写权限控制，任务的优先级，冲突检测及处理。
- 执行管理，包括执行结果的监控，重试，异常返回通知等。

有了这些要点，我们就可以抽象出领域模型再往下的聚合，进而针对聚合可以进行更细的设计。

（2）通用中台

即通告中台，其关键的能力就是能让网工用简单的方式配置和使用通用的通告模版，同样也涉及以下一些要点。

- 通告的类型，包括告警、事件、通知等。
- 通告的渠道，如邮件、短信、微信、企业微信或者钉钉（根据公司常用的沟通方式确定）。
- 通告的范围，即邮件组或者微信群、短信群等。
- 通告的模板，包括通告中通用的格式文本，字体及大小，变量及关联的事件与字段等。

（3）支撑中台

即应用编排，其关键的能力是能够让网工通过简单代码、代码编写、编排的方式开发组件、自定规则或者数据、编排组件。要点如下。

- 应用的类型，包括场景、组件、规则、数据等。

- 应用的编排，即能够通过可视化的方式对流程进行编排，定义网关、暂定、子流程等节点。
- 参数的定义，不仅能够定义场景流程中的全局或者局部参数变量，还需要明确变量的值来源。

至此，业务中台已经被我们识别和抽象出来了。接下来继续前行，向数据中台的设计进发。

5.2　设计数据中台

在接下来的业务中台设计评审会上，老 E 提出了一个需求：除了日常的工作规则和流程的支持，平台也要能直观呈现平台自身运行以及运营各个环节的稳定性、时效性等指标。

研发团队表态：没问题，我们早就考虑了报表平台。

老 E 顿了顿：不是，我们需要更加灵活的呈现方式。

研发小伙伴一脸问号：什么是更加灵活的呢？数据有了，规则也做了，结果呈现也很直观，这难道还不够么？

这时，对中台已经了解得极为深入的小 P 给研发小伙伴解释了一下："老 E 说的应该是数据中台，仅仅有报表还是不够的，在实际场景中，运营岗位的同事需要根据不同的工作需要灵活自主地处理和分析数据，而这就需要建设数据中台了。

咱们之前在做应用架构设计中提到的两个场景，都涉及告警的采集及相关的展示和设置，而且在这两个业务主流程结束以后，仍然需要相关数据的反馈来推动系统与业务流程，即 SOP 的进一步优化，比如变更的自动化率、成功率、回退率、系统执行时效等，这些都和数据相关。

提到数据中台，很多人下意识地就会反映出数据平台、数仓、数据湖之类的概念，但数据中台既不是数据仓库，也不是传统的数据平台，它们之间最大的区别是思维方式和视角的不同：

数据平台、数据仓库以及数据湖，更多是一种技术系统，一般是先有数据，评判数据质量和状况，考虑能做什么，然后去设计和实现这个技术系统。而数据中台则必须要从业务出发，是业务需要这些数据，而且是因为有价值才去获得这些数据，最后形成数据服务提供出来。

5.2.1　网络运营对数据中台的需求

1. 数据中台的目标

虽然与物联网或者人脸识别、轨迹追踪等生成的那些"大数据级别"的数据量相比，网络设备和事件产生的数据量只能算"数据湖"中"一个小池塘"，但网络运营对数据中台的需求却是客观存在的。接下来从实际需求入手，认识网络运营的数据，了解数据中台设计时需要考虑的主要目标，并通过实例讲解掌握如何进行网络 DevOps 平台的数据中台设计。

数据中台的目标，是让所有与网络运营相关的数据工作都能通过数据中台的能力快速地开展，而这些能力来自于数据本身、数据功能和数据服务的复用。

传统的数据系统，产出的结果主要是为了呈现，为了看，所以一些人机接口的可视化展示就是最后的输出。而数据中台，产出的结果是数据服务，最主要的能力是要能通过机机接口赋能业务，为业务提供数据输入。

所以，数据中台的能力，不再仅仅停留在通过数据的呈现来支撑决策，更加重要的是实时或者准实时地支撑业务和运营，也就是实现我们经常听到的业务能力数据化和数据能力业务化，或者用数据来反哺业务。因此，数据中台必须要解决好数据标准、数据服务、计算存储成本和研发成本等主要问题。

既然数据中台与业务强相关，那么，网络运营领域的数据和数据处理的场景是怎样的呢?

2. 网络运营数据的特点

(1) 数据种类繁多

从数据的持久化属性来看，网络运营数据可以分为静态数据、准实时数据、实时数据;从数据的来源来看，可以分为 CLI 采集数据、SNMP 采集数据和 Netflow 数据等;从数据的属性来看，可以分为资源数据、事件数据、规则数据和日志数据等;从数据的处理层级来分，又有原始数据、聚合数据等，总之，网络运营领域的数据种类十分繁多。

(2) 数据有一定量级

虽然相较于微信、淘宝等面向亿级用户的 APP 日志数据来说，网络运营数据的体量可能是小巫见大巫，但其实这个数据量也是不少的。以一个云服务商为例，单月出现数千次左右的 DDoS 攻击事件并承受十几个 TB 的攻击流量是常态，单月处理超过 5000 万条的信息安全日志也已成为日常。这种量级的数据处理如果不借助系统而靠人来搞定，是不可能的，要是再考虑同一份数据用于不同场景的处理，那工作量又会增加数倍。

（3）数据处理的时效性、融合度要求高

客观地讲，当前网络运营领域面临着前所未有的压力。上层承载的应用和用户对网络稳定性、可靠性等方面要求越来越高，也就意味着其可接受的网络中断或者异常时长越来越短，而如果要在海量数据中迅速、精确定位造成异常的故障点及原因，并触发下一步的操作，考虑到路由收敛、系统处理等不可优化的因素，在定位这个环节上不断提升效率和准确度就变得尤为重要，这就对数据处理的时效性、融合度提出了更高要求。

3. 网络数据使用的场景

如今我们对大量数据的需求，不再仅仅是单纯的用于做报表、做呈现，更希望通过挖掘数据中的规律和问题，提前发现隐患或者提前进行规划，解决"人力"不能解决的问题和难题。因此，单一来源的原始数据已经远远不能满足我们的需要了，大部分场景都需要将不同来源的数据综合起来，将实时、静态等不同属性的数据融合分析，甚至需要将云侧、网侧、终端侧、用户侧和应用侧的多种数据全面采集、汇聚，形成多层次多维度的深入分析。

在对两个运营场景或者说两个业务领域的分析中，已经分析了一些和数据强相关的功能和需求，但在业务中台部分并没有过于展开。在这里结合网络运营中数据分析的常用场景（包括最典型的增删改查）再做个总结（当然，还有些未在此处提及的场景，相信经过提炼，大家一定可以找到类似的处理方法）。

（1）异常判断

这应该是最基础的数据处理了。但以往网工更乐意于把这部分工作"甩给"开发——我告诉你规则，你把告警告诉我。但其实抽象一下，这部分的工作就是"数据+规则（关键字或者阈值）+实时计算"，是很简单的。

（2）根因定位

相比于单个的告警，根因定位更复杂。其复杂度主要由于数据更多（经过异常判断或者其他场景处理过的数据，而不是简单的原始数据）和规则更复杂（可能是时间匹配，可能是事件匹配，也可能是多个数据分权建模）。但归纳起来依然是"数据+规则+实时计算"。只要更加灵活地提供实时计算的配置能力，一切都可以交给网工自己来实现。

（3）大盘展示

大盘的性质有点像我们传统的报表，只是报表一般是离线的数据分析，而大盘的优势则在于可以根据定制者的需要，基于实时数据进行不同维度的展示，比如分地域或者分机房的告警数量展示、分地域或者运营商的质量展示、不同维度的流量趋势展示等。

（4）审计

应用或者用户申请（像 ACL 申请、资源申请）是否合规或者满足要求，可以通过"规则+判断逻辑+数据"给出审计结果；对于发生的操作或者做出的动作，可以形成格式化数据后传递给规则进行判断。

（5）调度决策

通过智能化的调度控制器，对是否需要启动调度、如何调度以及调度后是否满足预期等，进行多数据的融合判断和计算，这也是实时计算的一个典型场景。

（6）计量计费

网络资源也是产品，所以也需要对使用的资源进行计量和收费。虽然现在直接按"裸"资源进行收费的模式变少了，但对于资源的实际使用和消耗还是需要以产品化的形式来提供，因此基于不同网络层级、不同资源类型、不同应用、不同地域、不同用户等，进行单一维度或多维度原始采集信息的计算，应该让网工有定义计量计费算法的"权力"。

（7）质量分析

无论是设备质量、链路质量、服务质量，还是按机房、按地域、按架构比较网络自身的健康模型，质量分析不仅涉及面广而且极其重要，因此，需要灵活的定义能力，包括对计算模型引入的数据、权重等进行定义，也包括对计算的规则和横向纵向比较的维度等进行灵活定义。

（8）趋势分析

趋势分析的目的是提早规划资源、提早发现隐患。说到趋势分析，不少互联网大厂都尝试过对光模块的衰耗来做分析，但其实还有很多场景的数据可供参考，进行分析：如果电源、温度的轻微持续变化，也许可以提前发现机房环境的危险；如果故障率在有一定年限设备中慢慢有所增加，未来故障发生的可能性有可能更高。

（9）聚类分析

聚类分析是为了及早发现异常行为。不仅仅是当检测的对象符合检测规则时才被判断为异常，如果检测对象跟其他大部分对象不一样，同样可以被视为一种异常。典型的场景像分析设备的进程消耗内存情况，将同型号的设备做聚类分析，如果新的批次表现不太一样，那就在提醒我们要关注是否发生内存泄漏了。

5.2.2 数据中台的设计要点

1. 数据的复用

数据的复用牵涉到好几个方面的工作，首先是数据的规范化，然后是数据的接入，而规范化又包括数据指标的标准化和数据存储的标准化。

（1）数据指标的标准化

在日常运营中经常会看到一种现象：当我们用一些业务指标来考核 KPI 或者 OKR 时，大家所拿出的指标数值都不太一致，研发一个数，运营一个数，甚至相同小组不同人给出来的数也不一致。而这种现象后面的本质问题，其实就是没有对各类数据指标进行规范化和标准化。

那么如何实现数据指标的标准化呢？拿云网运营领域的变更来说，由于我们总是希望可以进一步提升变更的自动化率和变更效率，因此不同类型、不同厂商或者自动化、人工的变更比例及相关数据，就会成为我们的关注点。那么具体怎么做呢？业界的一些成熟做法都是值得参考的，比如可以参考阿里的 OneData 体系的做法，实现对变更自动化次数这个指标和算法口径的统一，如图 5-7 所示。

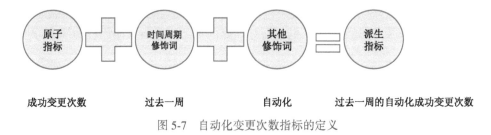

图 5-7　自动化变更次数指标的定义

以下就是变更自动化次数指标的定义推导过程。
- 数据域：变更。
- 业务过程：计划、执行、成功、取消、失败。
- 修饰类型：变更场景、变更方式（自动/人工）、变更属性（紧急、常规）。
- 时间周期：统计范围，一周或者一个月。
- 修饰词：自动化/人工变更，紧急或者常规变更。
- 原子指标：变更数量。
- 维度：厂商、角色、架构、Region、时间维度。

- 维度属性：厂商名称、角色名称、架构编号等。
- 派生指标：原子指标+修饰词+时间周期。

(2) 建立数据模型

数据模型是数据中台的重要部分，目的是实现对数据的有序、有结构的分类组织和存储，数据模型具有以下优点。

- 用空间换时间，通过大量的预处理来提升应用系统的用户体验（效率）。
- 复杂问题简单化，将一个复杂的任务分解成多个步骤来完成，每一层只处理单一的步骤，简单且方便定位问题。
- 减少重复开发，规范数据分层，通过的中间层数据，能够减少重复计算，增加一次计算结果的复用性。
- 隔离原始数据，使真实数据与统计数据解耦。

仍以自动化变更为例，数据模型的分层以及对应的数据如图 5-8 所示。

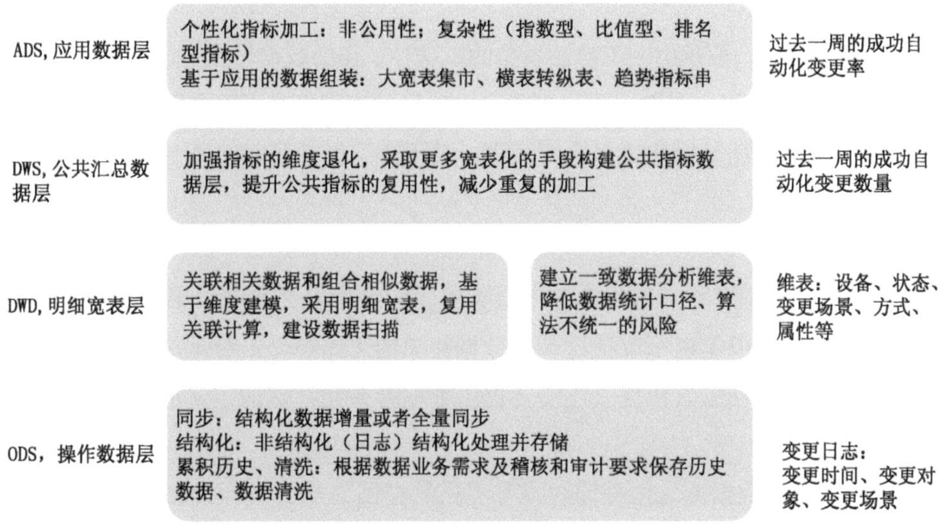

图 5-8　自动化变更数据的分层模型

最下层是 ODS 层即操作数据层，用于保存原始数据，也是为了与处理后的各层数据隔离。对应变更的原始日志。

DWD 层和 DWS 层通过与维表的计算产生各种维度的数据和指标，避免重复计算。对应各种维度并表后的变更数据。

ADS 应用数据层，用于复杂的业务场景，对应变更自动化率等比率指标。

在对数据指标和模型都进行了规范以后，接下来再看看数据的处理能力如何复用。

（3）数据集中

相信很多研发人员都遇到过一种状况，就是当自己开发的系统的数据被团队中其他人调用时，无论是库、表还是字段，都会被不同的人反复地问。这个问题的本质是大家对团队的数据并没有掌握全貌。研发团队成员之间尚且如此，更别说参与开发的网络运营人员了。

所谓数据集中，并不是一定要把所有数据都集中到一个存储类型、一个数据库中，毕竟数据本身就存在各种差异性。但是可以通过类似数据地图这样的能力建立起团队的数据目录，为大家查找以及后续的数据接入提供方便。

对于熟悉工程类项目而对数据处理没什么经验的团队而言，可能会觉得数据类的能力搭建起来比较困难，这里建议参考一下开源的 Datahub 项目，这个开源框架不但能支持数据地图、标签等基础能力，还有基本的 Kafka 的能力。

2. 数据处理能力复用

最常见的报表工作一般是由网工自己承担的，这种工作的数据量往往不大，常常集合在一个 Excel 表格中，然后汇总、计算、图表展示，在这样的流程里基本不需要数据中台的介入。

但真正意义上的数据分析就要复杂得多了，接下来，快速了解一下一个通用的数据分析流程到底是怎样的。

（1）数据接入

1）数据采集。数据采集一般由业务中台完成，业务中台负责生产数据，数据中台负责对数据进行二次加工。但是也可以把这部分数据相关的工作都交给数据中台，数据中台除了提供一些自动化能力定期采集数据，还需要提供数据持久化存储的定义能力，为业务中台提供数据服务。

2）数据源定义。数据持久化存储后，有不同的存储介质、不同的存储文件名。不同数据分析可根据需要来定义所需的数据文件，这些文件可能来源于本地磁盘（本地路径表示），可能来源于云上存储，也可能来自于自建数据库，因此，定义了数据源才能根据约定的协议方式提取数据。

3）数据集成。前面提到过，网络运营对数据的融合度要求很高。一个数据分析工作，往往不是单个数据文件就可以解决的，需要多个数据进行集成，类似我们常说的多表 join。

（2）数据处理

1）数据预可视化。拿到一份原始数据，是否可用、好用，可以通过一些简单高效的数据可视化函数来查看和检查数据质量。比如查看各个字段为 null 的数据缺失情况，查看每个字段的平均值最大值最小值（用于发现异常值）等。

2）数据清洗。如同前面提到过的，数据清洗的规则要与数据分析任务强相关，包括业务本身的属性，本次分析的目的等。比如对空字段的处理，用 0 还是用最小值还是平均值或最高值来填充，又或者直接去掉为 null 的行或者属性。

3）数据归一。当不同字段的数值属性度量不一致时，如有的字段处在万位甚至更大的数值空间，而有的字段却处在个位与十位之间的数值空间，无论对于机器学习的性能还是数据分析的展示处理都不会太友好，这种情况下，可以采用线性函数归一化或者标准化的方式来让所有的字段拥有相同的数值属性度量。

4）数据转换。这在网络运营的业务场景中应该是比较常见的，比如带宽、流量这些数据，通常需要将数值统一转换成 Mbit/s 或者 Gbit/s 的级别。另外在机器学习中，将文本字段转换成数字，也是比较常见的需求。

（3）数据建模

1）机器学习。根据需要，选择监督或者非监督的算法，选择回归或者聚类的算法，然后训练模型，调整参数，最后导入数据集获得需要的计算结果。

2）实时计算。前面也提到过，像告警、风控、审计等场景，都需要用到实时计算（或者称为流式计算）的能力，配置计算规则，然后根据规则判断和计算不断流入的流式数据（我们也称为实时数据）。

（4）数据展示

1）图表展示。通过图表进行展示算是比较简单的形式了，与使用 Excel 计算后用图表展示极其相似。选择某一种图表类型，确定 x 轴与 y 轴的数据后，就能通过柱状图、散点图、雷达图、折线图等你想要的形式来展示最后的数据结果。

2）大盘展示。在一个屏幕中显示多个图表，并能够定义每个图表的命名、数据来源、类型、大小、位置等。

了解了通用的数据分析流程及相关环节后，回到我们的自动化变更的场景中，通过截取部分环节，可以设定如图 5-9 所示的一个指标处理流程。

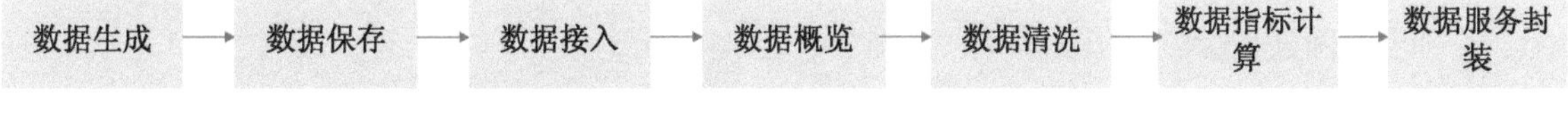

数据生成　→　数据保存　→　数据接入　→　数据概览　→　数据清洗　→　数据指标计算　→　数据服务封装

图 5-9　自动化变更数据的数据处理流程

在这个流程中，数据生成和数据保存可以通过日志生成、数据格式化后转 SQL 保存；数据接入需要支持对 SQL 数据库的对接；数据概览可以通过 DataFrame 的 head 方法、info 方法、describe 方法等实现；数据清洗可以通过类似 DataFrame 的 dropna、drop 和 fillna 等方法实现，再复杂点儿的也可以通过自己写函数实现；数据指标计算可以通过 SQL 的联表查询来实现；最后将整个计算结果封装成 API 或者注册微服务为自动化变更的其他环节调用。

所有这些环节，都可以匹配不同的数据分析场景进行复用或者重新组合，而所有这些能力，也可以在不同的数据分析场景中复用，这就是数据中台的能力复用的价值体现。

3. 数据中台的关键能力

综合上面提到的数据与处理能力的复用，对网络运营所需要的数据中台能力进行总结，可以形成如图 5-10 所示的**数据中台能力模型——六大能力模型**。

图 5-10　数据中台能力模型

（1）数据规范和规划

1）数据指标的规范，如前面提到的变更指标的例子，所有网络运营的指标都应该形成统一的口径和计算方法，并在团队内达成一致。

2）数据模型的规范，通过分层的模型建立起统一的数据仓库。

- ODS 层：原始数据层，用于存放原始数据，原始日志和数据直接加载，数据保持原貌不做处理。
- DWD 层：对 ODS 层数据进行清洗（去除空值、脏数据和超过极限范围的数据）。
- DWS 层：以 DWD 为基础，进行轻度汇总。

- ADS 层：为各种统计报表提供数据。

目前的一些成熟的大数据商用产品，都已经具备了数据仓库的分层定义能力（如阿里云的 MaxComputer），**网络 DevOps 平台的数据中台也要将分层定义能力当作不可或缺的能力要点**：当然并不是说一定要支持如何分层，但是需要可以灵活定义数据分层的能力，可以灵活定义分层的函数或者算法，同时必须支持将分层的数据送回到数据仓库中进行存储。

在一些数据技术沉淀不足的公司，一方面出于数据使用的最初目的，即主要是解决网络的实时告警问题，数据看起来并没有长期保存的必要性；一方面出于成本的考虑，公司内部或者外部的数据存储资源需要消耗大量的资源，相应付出的成本很可观；更大的一个因素是对数据缺乏规划，没有对数据的存储类型进行划分和规划，也没有数据聚合、分层和分区存储的概念。而正是因为这几个因素，没有考虑过对数据这类资产如何规划，往往临时有个需求，就开始把那块领域的现有数据一起存下来后各种处理，结果可想而知——质量肯定不行。

因此，需要转变思想观念，要把数据当成与设备或者其他网元同等重要的资产予以重视和管理，在网络 DevOps 平台设计的同时，做好数据的规划，并对网络需要用到的数据进行分类，包括属性的分类、使用场景的分类等，同时做好数据的分层模型。一句话，沉下心来，建立好自己的数据仓库。

3）管理的规范

一方面通过数据地图来实现全网数据资产表、字段、存储位置、API、标签的管理；一方面通过规范命名来实现数据仓库数据多样化的管理。无论是静态、准实时还是实时数据，都可以按照事先制定的一套规则来管理，而不是由研发各自取名，这样才能便于后面持续的数据治理和使用。

（2）数据的采集能力

既然数据中台是拿着场景找数据，那在数据采集上的能力就是必须且灵活、开放的。

当前很多网络平台都把数据的采集做得很重，且对业务不可见，每次一个新协议或者新增采集项的适配，少则一个月，多则半年，实在无法满足"快速响应"的要求。

在网络 DevOps 平台的设计中，平台层应该关注打造通用和稳定的采集通道，再通过足够的抽象，在中台层形成面向业务可配置的采集定义，包括采集方式（协议）、采集频率、采集对象范围、采集项、采集配置（如 SNMP OID）等，都可以由网工来定义和配置。

（3）数据的定义和存储

业务中台的实例运行后（包括上文提到的采集实例），会生成相应的数据。这些数据是否需要保存，重点要保存哪些字段，以及这些字段的属性等，都需要在业务中台的相关环节调用数据中台配置定义的能力，这些必要的能力包括。

- 数据文件的名称。
- 数据字段的名称（英文名和中文展示名）、字段类型、字符长度。
- 可以作为主键、外键的字段。

当然，在这之前还需要定义存储方式，包括采取对象存储还是数据库存储，是否需要缓存，以及需要哪种数据库等。

（4）数据的处理

数据处理涉及的工作很多。在最终得到我们所需要的完整、规范且干净的数据字段之前，需要结合数据分析的专业方法和对专业数据的理解做很多处理。

数据处理的环节不是一成不变的，包括数据处理的规则也会随着场景的变化有所不同。比如，不是所有的数据化流程都需要数据单位的转换；再比如，一个缺失的字段用补 0 可能比用中位数补更合适等。如果对具体场景和业务数据不熟悉，而只是简单地套用流程和方法，并不能得到理想的数据。

如同前面的案例所描述，数据处理的工作可以通过导入一些既有数据处理框架下的函数来实现，对于一些复杂的处理也可以自编码函数实现。当然，这些都是可以复用的数据处理能力。

数据处理是需要作为任务来定义、调度和执行的。有的只需要执行一次的，可以手动触发执行；有的需要周期性执行的，需要定义执行时间或者周期；还有的只要有数据更新就会触发执行，因此需要定义触发条件。

也因此，数据中台需要共享业务中台相应的流程编排和任务调度能力（参考业务中台设计），以配置数据任务，执行并监控运行的实例。

（5）数据的探索和可视化

数据处理以后，有的可以直接展示，有的还需要进一步深度挖掘。

之前在介绍前端技术的时候曾提到，现在 Grafana、Kibana 等数据可视化前端组件已经比较成熟了，数据中台可以将这部分能力整合进来，让网络运营人员能够选择和定义他们所需要的数据可视化形式：除了电子表格和常用的饼图、柱状图以外，散点图、雷达图、直方图等也会给我们的数据分析或者智能算法的结果带来更多直观的呈现。

如果要做深度挖掘可能还需要机器学习的介入，可以将模型作为可选环节来接入，数据分集、模型算法、训练函数都可以根据需求灵活定义和接入。我们还可以用机器学习的算法来进行一些预测、归类等复杂计算，实现对网络运营历史离线数据的分析，当然，这对数据的存储量和数据质量会有很高的要求。

　　一些简单的数据可视化，以及常见的机器学习模型与训练，都有成熟的框架函数可以选择，我们的平台只要能够支持这部分库的数据接入即可。Grafana 或者 Kibana 的数据接入，既可以通过直接的 SQL 语句来支持，也可以通过对 SQL 的封装，帮助不掌握 SQL 语句的网工通过拖拽来实现。

　　再强调一句，**数据中台的关键是数据复用和数据处理复用的能力**，而不是数据的展示能力。如果把重点放在了炫酷的前端展示上，那就背离了我们打造数据中台的初衷。

（6）数据的服务能力

　　数据中台与数据仓库最重要的区别是数据服务能力。除了展示以外，要能够根据需要创建服务、度量服务和运营服务。

　　创建服务要支持服务的定义、封装、注册和发布等；度量要能监测服务的可用性以及服务的使用情况，及时发现问题以提升服务；运营要关注服务的反馈以及用户的画像和特征，从而进一步挖掘更多的数据服务。

4. 数据中台的设计建议

（1）多复用成熟的能力

　　网络 DevOps 平台确实需要数据中台能力，但数据领域是一个复杂的体系，虽然有能力自行搭建复杂的平台和中台，但还是尽量避免从零开始的建设和开发。

　　比如数据库、数据仓库、数据可视化，国内的很多云服务提供商都有商用的成熟产品，也有提供给客户的封装好的 SDK 或者 API，直接拿来用就好，不要什么都自己开发。

　　有些公司可能没有对外商用的公有云，或者也没有购买或者自建私有云，出于安全和隐私的考虑，不愿意将数据存储在云上。这种情况下，也建议尽量和公司或者部门的其他项目共享能力——包括数据库、大数据平台等。

（2）注重产品化能力

　　数据的存储可以复用成熟的云产品或者公司内通用集群能力，但我们最终还是要通过网络 DevOps 平台，封装成统一对网络运营的服务能力，并与业务中台的能力一起，在同一个平台和界面中呈现、提供。同时要以产品的思维考虑所面向的客户类型、习惯以及使用的场景等，以提供更适合和简便的客户自助定义方式。

　　其实从很多商用大数据产品上都可以看到，每个产品有其自身重点打造的核心能力，然后再附带一些其他能力，但却很少能**在一个产品中实现端到端的数据开发过程**。这是我们网络 DevOps 平台中的数据中台设计与开发需要重点关注的地方，前面提到的数据中台六大能力一定要充分地集成起来，以支持应用层一站式地完成开发。

（3）数据中台与业务中台的统筹

双中台（业务中台与数据中台）其实归根结底都是为了快速响应业务，满足业务的需求，它们之间是相辅相成的关系。

一方面，数据中台有很多与业务中台共享的能力，像组件的定义与开发、方案的编排、工单的管理等（如我们前面业务中台分析出来的一些基本能力）。这种情况下，可以把数据中台看成业务中台的一类特殊场景。

另一方面，也是最重要的，业务中台与数据中台之间一定要形成闭环：业务中台产生数据与后续的数据存储要无缝连接，甚至可以考虑直接定义后续的数据任务；数据分析的结果要有具备驱动决策的能力，即通过数据的结果去驱动后续的自动化操作，而不需要人为的干预和判断。这种情况下，数据中台既是业务中台的输入，也是业务中台的输出。

举个例子，也是常见的一个运营场景：网络巡检。以往我们更关注于巡检的即时结果，很少把数据做持久化以支持长期性的数据分析。但把业务与数据的闭环代入进来，就需要在定义网络巡检的任务之后，对采集的结果进行结构化，对结构化后的数据进行存储，然后驱动一个机器学习的全流程数据任务。而针对数据任务分析的结果，比如识别到了某块板卡的内存存在泄漏隐患，需要隔离并返厂修复这块板卡，就可以直接驱动后续的风险排查流程，从而再回到业务中台提供的基础能力上去。

（4）全面规划，逐步建设

如今不少公司的研发团队都在花大力气做报表，有的是在做报表中台、有的是在做报表平台，名字不同但实质差不多，把报表需要的数据收集过来，报表计算方式写在后端代码中实现，再做一个展示报表数据的页面，又好看又高端。

其实，不管是报表中台，还是日志中台，都是数据中台的一种。在团队的数据能力还比较有限时，往往难以对所有类型的数据和场景全面展开，但是可以从某一个方面入手，在数据的集中、处理和使用上，将各种场景进行充分统筹后再进行设计。只是在这个过程中，不能再延续以往那种传统开发方式，从上到下只考虑单一应用场景并一竿子捅到底。

在曾经的争论中，研发团队认为网工过于低估了机器学习和数据分析的难度，而且认为这是网工们不可逾越的门槛。**搭建数据中台的目的之一，就是降低数据开发的门槛**。其实在网络运营领域，不管是平台研发还是网络运营，应用开发能力都会优于数据开发能力。一个公司可能有不少优秀的应用开发人才，但是懂数据仓库、懂数据建模的人却很缺乏。不过当我们一起从设计数据中台、做好数据规划开始，只要真正地从业务出发来落地实践，那么在这个过程中，每个人都有成为数据分析专家、数据科学家的可能。

5.3　设计技术中台

技术架构的设计首先遇上了控制器的问题。

老 A 并不理解控制器这个东西，一时之间也不知道如何解决。小 P 查找了不少控制器的框架资料后，认识到正确做法和中台是一致的，即在一个框架下，通过插件来实现对不同的协议和不同的应用支持，而不是当前所设计的控制器堆砌模式。

张 sir 这时候又提出了一个问题：你们如何保证这些自动化操作的安全性，确保不出现某些大厂的那些不可控的自动化安全事故呢？比如，不小心把一个设备组的设备全部隔离掉了？

小 P 对这个问题早就成竹在胸：我们不是在业务流程中有冲突检测的子流程吗，我觉得可以基于这个进行扩展和优化，平台提供设备分组定义、日志集合、水位与状态集合、任务调度这些基本能力，我们通过自己写的业务逻辑综合不同条件判断并决定下一步动作，从而避免这些问题。

通过前面在技术架构中的设计和分析，已经确定了大部分技术要点的选型和方案，而且确定了要使用公司通用的中间件能力或云上已有的成熟能力，同时，也确认了有一些技术点要坚持走自研的道路，那么在技术中台设计的阶段，就用更加靠近业务的视角，分析如何能够让业务更好地使用这些技术能力。

5.3.1　网络运营对技术中台的需求

1. 技术中台的目标

网络 DevOps 平台的技术中台，需要为网络运营应用的快速开发与发布、稳定的运行与维护、灵活的迭代与优化，提供自助、便捷的技术能力。

网络 DevOps 平台的目标是快速响应业务的需求，平台的开发模式是"应用开发+平台研发"，所以技术中台需要围绕以下两个方面的目标打造关键能力。

- 快速的应用开发。
- 便捷的应用管理、监控和发布。

大家不用纠结技术中台是否包括技术中间件，只需要理解，相对于技术中间件，技术中台更具备助力用户使用技术的能力，所以一定要考虑以下两点。

一是如果使用了开源产品，要避免把裸的开源能力直接简单粗暴地提供给客户。网络 DevOps 平台应该是一个封装了各类成熟技术、框架的整体平台、服务和产品，而不是各类开源中间件的拼凑。

二是不要只关注功能的使用，而是要用产品化的思维来设计技术中台。好的技术产品都会高度关注客户使用时的监控和诊断能力，所以除了封装功能接口，技术中台相关的服务治理能力也要及时有效地开发并封装到 DevOps 平台能力中。

2. 打造统一的技术底座

针对自动化变更和自动化故障恢复两个子域，我们分析了其业务中台与数据中台，发现它们有着一些重合的需求，需要技术中台来提供统一的技术能力。

（1）方案编排

不论是人工流程的环节流转，还是面向设备的自动化操作，也不论是业务流程，还是数据分析流程，都是由不同的环节、独立能力组合而成。所以业务中台和数据中台都需要的一个关键技术能力就是对运营场景或者方案的灵活编排，对应到技术实现上，就是一个一个独立的微服务的编排和组装。

运营场景是丰富的，像自动化变更这一大类自动化场景，可以包含自动化版本升级子类，往下可以进一步划分为热补丁、冷升级，如果再深入到网络架构不同层级的设备或者不同型号的设备，操作上会存在顺序差异而无法用一个统一方案来覆盖，因此需要定义针对不同场景、设备、型号的通用或者定制化流程。

运营场景是复杂的，在一个端到端闭环的流程中，会有人工处理、自动化执行、数据分析等多种类型的节点，有些还需要用子流程来实现，因此也会出现方案中的方案和流程中的流程的嵌套。

运营场景的 SOP 更是需要不断优化的，这样才能不断提升运营效率，不断提升对外的服务能力。因此每个场景都需要能够根据生产要求灵活调整的能力，而且这种调整的相互之间还不能产生影响。

（2）模版函数管理

方案编排的对象就是一些业务组件或者数据组件，除了一些常用的固有组件，如开始节点、结束节点、分支判断节点，其他的一些与设备或者业务相关的组件，都可以用一些灵活定义的模板函数来实现。

具体叫 XX 模版、叫 YY 函数还是叫 ZZ 单元，都可以根据实际需求来定义，但建议要考虑至少两个层面。

一是与设备直接交互的单条命令，以前称作原子模版或者命令模版，因为它是最原子的交互单位，毕竟没办法将一条命令拆解成更细。这些模版不是简单地只包含 CLI，它们不但需要定义入参和出参，还需要进行渲染或者修饰，并从返回的信息中提取需要的值。

二是通过多条命令共同完成一个完整的功能，可以称之为功能函数或者功能模版。实现一个完整的功能是这个单元的特点，既可以是完成一个配置，也可以是重启一个端口。

当然还有一部分能力可以通过工具函数或者云函数来实现，比如通过已有系统或者模块的 API 来读取已有的数据，或者调用已有系统的能力等。

因为多厂商、多型号、多版本、多角色设备的存在，模版函数的管理很不容易，一旦没有做好前期规划，后续的维护难度将非常大。

（3）任务调度

编排后的流程方案将以实例的形式来运行，而它们都需要通过任务调度来触发或者安排。在网络运营中的场景中，主要有以下几种自动化任务的执行方式。

- 触发执行。是一种事件驱动模式，如果发生了…则执行…，相应的条件和动作，都可以在任务调度中自助定义。
- 周期执行。在每天的固定时间执行一个特定任务，当然也可以用频率来控制，比如某个任务每天执行一次，但具体是哪个时间点执行，则可以根据整体全量任务的排期来确定。
- 定时执行。针对单次任务，在指定的某个时间点执行一次。

（4）设备交互

设备交互有两个方向。一个是控制方向，即我们常说的命令下发。函数模版包含了一个或者多个命令，最终需要下达给设备，得到期望的结果。例如通过 ssh 通道登录到设备上，把具体的 CLI 传递给设备，按照编排的顺序来依次执行，并返回相关的结果。另一个方向是采集，即我们在数据中台中提到的面向设备的日志、流量、状态信息等数据的采集。

当前的自动化运维，很多还是借助 CLI 这个传统的"命令"通道实现，而 SNMP 以及 Telemetry、Netconf 等交互协议也很少考虑"自动化"的实现，或者每个协议各搞一套单独的闭环能力。

但不管是哪种协议，用户都希望是"透明"的，他们只需要关心协议的选择、具体交付命令的执行和结果的反馈。因此需要做更多地抽象，以屏蔽掉不同协议、厂商、型号等差异，用一个统一的模型来服务用户。

（5）权限管理

网络 DevOps 平台作为运营平台，权限管理肯定比一般的业务系统要复杂得多，既有面向平台、应用和设备的权限区分，也有面向业务、网工和研发的区分；既有执行和只读能力的区分，也有业务和数据的区分，所以需要"设备+平台"的综合权限管理能力。

3. 支持便捷的应用开发

我们希望整个网络运营团队向研发型团队转型，因此在团队的建设过程中会越来越强调网络运营人员的程序开发能力，但仍需重视传统的网工，他们的网络运维经验是整个团队不可或缺的财富。

网络 DevOps 平台需要支持便捷的应用开发，并根据网络运营人员研发能力的不同，提供各种灵活的应用开发方式。

- 前端界面配置，如一些下拉项的选择，一些输入框的填充。
- 拖拽式的配置，如流程的编排，数据大盘的配置。
- 简单代码编写，如 Markdown 支撑的模板，Python 支撑的函数。

这些都需要技术中台通过足够的抽象，聚焦网络运营领域，升级到支持低代码能力的技术中台来实现。

5.3.2 技术中台的设计要点

通过上一节的目标与需求分析，接下来将从以下三个层次来设计技术中台。

- 应用层的快速开发——低代码。
- 中台层的快速开发——控制器 & 云原生。
- 应用和中台的快速迭代——云原生 &DevOps。

1. 应用层的快速开发

应用层的快速开发要求技术中台具备低代码开发能力。图 5-11 展示了应用层与技术中台能力之间的关系，其中：场景应用、方案编排可以为我们提供拖拽形式的开发能力；规则配置、表单操作、权限配置将为我们提供界面配置形式的开发能力；同时方案编排或者表单操作也能为我们提供代码方式的开发能力。

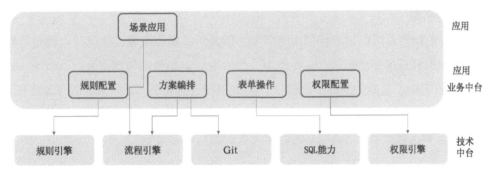

图 5-11　应用层与技术中台能力的关系

下面来分别介绍这些能力所依赖的技术中台组件。

（1）流程引擎

流程引擎可以满足业务中台和数据中台中的业务流程与数据分析流程所涉及的流程编排，以及基于原子模版组装成更强能力的函数模版的需求。

在技术架构的逻辑架构即微服务的 DDD 分层模型中，简单介绍了 BFF 层，这一层的应用服务基本就是通过流程引擎来实现的，通过组装跨中台的不同微服务来形成一个完整的业务流程。

在以往的单体式系统中，并不会将流程引擎的能力单独开放出来，而只是作为研发人员使用的一个组件，甚至有可能都不用流程引擎，而是直接将一个个环节写入后端代码中，只将最后形成的流程通过前端暴露给组件。

流程引擎本身并不能算是技术中台，但当在开源引擎的基础上，增加了其满足下述网络运营需求的能力，让其能够灵活地适配业务，流程引擎就具备了业务中台的属性。这些能力包括以下几项。

- 同时支持 CMMN 和 BPMN，前者用于支持工单管控的环节编排，后者用于 SOP 的自动化实现。
- 支持多种类型的节点，其中包括各种判断网关，包括子流程形式存在的自动化操作，也包括其他各种模式的原子或者功能函数。
- 支持全局和局部参数，特别是支持全局参数的传递。
- 支持回退、暂停、终止、重启等全局或者分环节的操作。

当前使用比较多的流程引擎包括 Activiti 和 Flowable，后者是 Activiti 的一个分支，也是 Activiti 的主要开发者投入开发的。较之 Activiti，Flowbale 支持更多存储件，支持动态插入节点、加签减签以及 CMMN，更适合网络运营的 SOP 场景。

（2）规则引擎

规则在我们网络运营的很多场景中都需要，但规则的提炼或者说建模一直都是业界的一个难题。规则引擎至少要满足如下一些能力，尽可能匹配 80% 的规则定义。

- 阈值的匹配。这是最为简单的模式，类似于变量值大于、小于或者等于某个阈值。
- 正则表达式匹配。这在日志里比较常见，用于匹配某些关键字。
- 复杂计算。提供类似于 Flink 的计算规则的编写和比对能力。

（3）Git

Git 严格来说并不算技术中台的能力，但需要借助于它来管理原子能力和功能模版。当然，这些基础应用的模板也可以保存在平台自建的一个存储空间里。之所以建议 Git，是因为其版本、分支、合并等基本能力，更有助于实现这些基础应用的可维护和可管理。

（4）SQL 能力

SQL 语言用于构建我们的数据分析能力。但前面也提过，不是每个网工都能很快地学习并掌握 SQL 语言，特别是一些复杂的联表查询。

所以，技术中台除了提供 SQL 的 CRUD 能力以外，最好还能提供一些封装了 SQL 语句的建表、查表、修改等能力，让网工可以结合数据地图，用拖拽的方式实现数据维度、字段等选择并进而开展数据分析工作。

（5）权限中心

权限中心需要结合面向设备的 AAA 系统，和面向平台的权限管理能力。同时需要和公司级的统一账号中心打通，实现 SSO 的权限管理。

（6）风险控制

这里的风险控制是一个逻辑实现，不是一个独立的技术中台功能模块能够完成的，而是在技术中台提供的能力基础上，通过网工编辑的业务逻辑来实现的风险控制能力。

根据需求分析中的那些场景，风险控制可以由一个叫作"守护进程"的综合能力来实现，包括以下这些能力。

1）冲突检测。还记得自动化变更流程里面有个子流程也叫"冲突检测"吗？此处的要求与之是一样的。冲突检测需要有以下的开放式定义能力。

- 检测对象：是单台设备，还是设备组，或是其他过滤条件确定的设备分组，或是有上下联关系的设备。
- 检测时间：是按照操作时间在一定时间范围内检测。
- 检测操作：从日志上搜索哪些操作的记录。

2）状态检测。很多时候，很难保证所有的操作都是经过了系统留痕的，比如未经过系统的违规重启操作，或者突发故障等原因造成设备转发异常等，这个时候需要对一些关键状态进行检测以确保无异常发生。检测的对象同冲突检测，检测的状态可能包括。

- 设备的联通性情况，即设备自身可达。
- 设备的控制面情况，即设备的路由收发情况。
- 设备的转发面情况，即设备的关键端口收发包、流量状态。

3）制止异常的操作。发现操作或者状态上的冲突以后采取什么样的动作。这些动作可能会包括。

- 操作的暂停或者终止。
- 操作的无法下发。
- 操作的回滚，包括逐跳回滚或者一键回滚，单个或者批量回滚。
- 按冲突的事件优先级采取相应的操作调度。

"守护进程"应该恰如其名，在整个场景全流程运行的过程中都一直监视相关状态并及时响应，以自动化变更场景为例，守护进程的执行如图 5-12 所示。

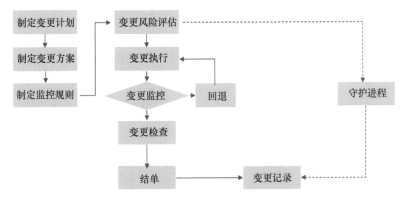

图 5-12　守护进程在自动化变更场景中的执行

针对上面提到的三个方面的举措，技术中台需要有如下的能力。

1）方案编排、任务调度等能力。在"守护进程"的实现中强调以下重点：

- 检测周期：即在全过程中，根据环节、命令或者定期的轮询来检测冲突和状态。
- 数据集中：支持各类日志信息的聚合，包括所有自动化、非自动化操作的日志；支持各类状态数据的实时采集、格式化和聚合。
- 任务优先级：对不同类型的任务标记优先级，比如故障恢复>变更>日常巡检类。

- 设备范围定义：如定义相同设备组、相同平面，或者其他自定义的规则。

2）操作控制能力：发生状态或者操作冲突时的动作定义能力。

- 对本任务或者次优先级任务中止、回退等能力。
- 限制操作下发能力。

这类风险管控能力一定不要通过代码写成平台的硬能力，因为不同的运营场景下面临的风险和判断规则都不同，全部要平台去支持的话，肯定会带来大量的开发和适配工作。还是要通过技术中台和业务中台、数据中台的合作，做成能让网工灵活配置的能力。

2. 中台层的快速开发

中台层需要从组件开发和适配网络两个方面不断更新迭代，不断发展，以满足上层应用的需求扩展和变化，如图 5-13 所示。

图 5-13　技术中台的两个逻辑层面

其中，运用云原生技术支撑中台各种组件的开发和部署，包括业务中台和数据中台；通过控制器满足我们各类面向网络任务的生成，以及不同协议、设备的适配和扩展。

云原生在技术架构设计中已经阐述过了，接下来着重介绍控制器。

（1）关于控制器的那些问题

1）控制器和流程引擎、应用的关系。

这个问题之所以成为问题，是因为如果没搞清楚控制器的边界，就会在调用与被调用之间纠结不清。

如图 5-14 所示是一个典型的场景：因为 A 平台和 B 平台都是包含应用、控制器的一个单体式烟囱系统，当基于流程引擎的变更场景开发时，为了复用已有的能力，通过 A/B 平

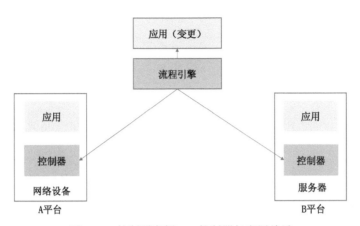

图 5-14 控制器案例一：控制器与应用关系

台的"控制+通道"能力来操作对应的设备和服务器。

如果将 A/B 平台中的应用层和控制器层分拆开来看，这种架构是清晰与合理的，但一旦把应用与控制器混为一谈，就会出现流程引擎与 A/B 平台谁该调用谁的困惑了。

2）控制器和控制器的关系。

这个问题的存在，来源于控制器的规划与定义不清晰，一般会存在以下这两种形态。

- 每个平台都有自己独立的控制器，如图 5-15 所示。

图 5-15 控制器案例二：平台维度建设控制器

- 不同网络层次有自己独立的控制器，如图 5-16 所示。

（2）控制器在网络 DevOps 平台中的角色和正确做法

控制器是网络 DevOps 平台的技术中台中有别于其他行业或者企业级平台的关键能力之一，目的是在网络 DevOps 平台与网络网元之间形成通道。

业界所讲的控制器有广义和狭义之分，广义控制器如同我们第一章中提及的，涉及集中数据、决策、任务调度、协议通道等；狭义控制器则是我们在网络 DevOps 平台中所定义的，包含"任务调度+通道"两部分，如图 5-17 所示。

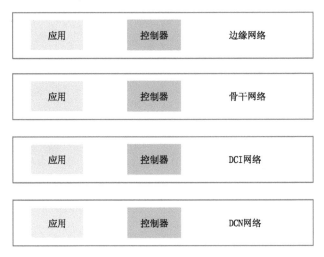

图 5-16　网络层次维度建设控制器

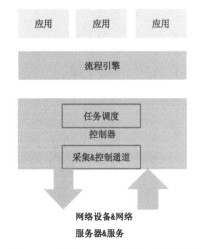

图 5-17　网络 DevOps 平台中的控制器

1）任务控制器。

控制器的组件之一是任务调度。用流程引擎编排后的运营场景，有触发执行的，有周期性执行的，也有定时执行的，且不同任务发生冲突时还涉及优先级，因此必须要有开放的、可以让业务自定义的能力。

在 Linux 中的 Crontab，Quartz 框架等，都是研发人员所熟悉的定时任务控制器。但我们需要将不同的基本能力集合起来，并最终封装成一个能力提供给用户"自助"使用。

2）设备交互。

在设备不多、拓扑简单的网络环境中，Python 中的 napalm、ncclient 就能帮我们构建简单的设备命令下发通道，而对于较为复杂和庞大的网络环境，就需要以控制器的 ODL（OpenDaylight）为基础，对下支持不同协议，对上通过建模，抽象出标准的接口能力，为流程引擎提供服务。对于 gRPC 这类新的 OLD 不直接支持的协议，还需要以插件的方式在类似于 spring-boot-starter-grpc 等开源项目上做进一步开发。

而且从近年来的变化来看，越来越多的公司开始转向通过自研能力来实现设备交互，毕竟作为自动化的基石，设备交互的可控性和安全性是极其重要的。

3）控制器的部署。

整体来说，全网的控制器应该是同一套，不论所管理的是基于普通服务器的 DNS 等应用，还是基于 gRPC/SSH/SNMP 的传统网络设备，或是后续的白盒交换机、NFV 设备。不过如果从负载分担和冗余灾备的方面考虑，也可以通过分层部署的 Agent 来部署，如图 5-18 所示。

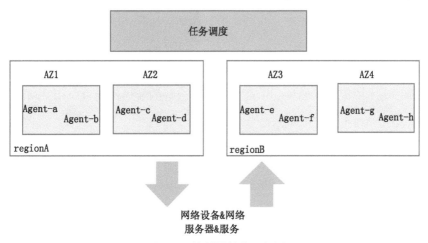

图 5-18　控制器的物理部署

3. 应用和中台的快速迭代

应用和中台的快速迭代，依赖于技术中台的几个能力。

- 微服务持续发布和持续集成的能力，所有测试、发布、部署等能自动化的能力都要尽可能自动化。
- 微服务的运行、监控等日常维护能力。
- 微服务部署所依赖的容器能很快地生成、调度和销毁。

这些能力，都可以通过云原生所包含的管理和技术实践来实现。

4. 微前端的引入

技术中台中的最后一个关键能力是微前端。

后端引入了微服务以后，如果前端还是以往的那种开发模式，那么它会成为一个独立的大单体，逻辑复杂、臃肿而且响应缓慢，引入中台的初衷就会受其影响产生瓶颈，而且当任何一个微服务功能修改带来相应的前端能力改动时，整个前端都需要重新部署和发布，同时其他微服务的使用也会受到影响。

可以借鉴微服务的设计思想，引入**微前端**概念：遵循单一职责和复用原则，按照领域模型和微服务边界，将前端页面进行拆分，构建多个松耦合的页面组合，每个组合只负责特定业务单元的 UI 元素和功能。微前端可以与微服务组成业务单元，可以独立开发、独立测试、独立部署和独立运维；微前端也可以与网络 DevOps 平台的主页面集成，利用页面路由和动态加载等技术，将特定业务单元的微前端页面动态加载到前端主页面，实现前端主页面与微前端页面的"拼图式"集成。

开源出来的 Qiankun 微前端就是一个很好的框架，基于这个框架，我们将网络 DevOps 平台的主页面作为主应用，其他核心中台、支撑中台等的前端作为自应用，从而实现松耦合和集成能力。

总结以上四个部分，技术中台的架构将会如图 5-19 所示。

图 5-19 网络 DevOps 平台的技术中台

听了这么多年的"大中台，小前台"，小 P 一直以为这两个概念只出现在公司的主流业务，当自己的团队在业界第一次完整地在网络运营这个"后端领域"实现了中台设计时，小 P 感到十分有成就感。

项目组有研发人员提出了问题：你做的架构设计和中台设计，都是基于目前较为典型的自动化场景，那是否网络 DevOps 只是覆盖自动化的部分？

小 P 回答道：我们只是以这两个场景为切入，尝试了进行的架构设计。还记得业务架构设计时我们做的业务领域拆分吗？那些不同维度，都是可以运用这一套方法来实现架构设计和中台能力设计的。也就是说，如果按照网络四化来分，可视化、系统化、自动化、智能化的能力都是可以如此实现的。

小 P 还鼓励大家：而且啊，我认为这些中台的设计，不但能为我们当前网络运营的场景提供很多可复用能力，这些能力在我们未来的云网管理中一定也能用上！

第 6 章
网络 DevOps 平台实施七要素

架构和中台设计终于完成了，平台的开发也进行了近两个月时间了，小 P 觉得接下来一段日子应该都是开发的工作，自己可以喘口气请个年假休息几天，没想到这一天项目组中来自公司 PMO 团队的项目经理老 M，来找小 P 并扔给小 P 一堆问题：

第一个落地的场景想好了吗？谁来开发？人培养好了吗？

既然区分了平台开发和应用开发，有应用开发规范吗？

运营和研发的分工边界和协作关系是怎么样的？

项目如何怎么测试，如何验收？

这一连串的问题，还真让小 P 刚松下来的弦又绷紧了。这些应该都是项目运营中必须要考虑的问题，而自己着实没有经验。于是小 P 虚心地向老 M 请教起来。

老 M 说："平台要真正落地和运营起来，除了这些问题，还有方方面面的事情要解决呢。咱们这个项目要想成功落地，至少组织保障、角色定义、应用开发等七个关键要素必须得保障好。来，找个会议室我给你细细讲讲。"

6.1 组织保障：项目落地的五层组织架构

老 M 对小 P 说，七个要素中最重要也是最迫切的就是组织保障了。小 P 有点不太理解：我们的组织架构都是已经确定了的，为什么还要把组织保障放到第一位呢？

老 M 回答说：这个要素相当重要，你没发现很多大厂在宣布重大战略之前，都会先进行组织架构的调整吗。

我以往经历的类似中台开发的项目中，就遇到过中台的研发人员跟我吐槽，说中台技术要求比以往的那些单体系统都要高，开源的不能直接用，很多组件要开发，时间周期也比普通系统要长。结果同一团队中那些同期直接做应用的都出了项目成果且拿了不错的绩效，公司领导却说他们做中台项目的看不出产出，体现不出价值，所以个人绩效、职位晋升都受到很大影响。甚至可能面临转岗、离职，造成项目半路天折。

老 M 语重心长地说：我很看好咱们这个项目，真心不希望重蹈覆辙。这就需要解决组织保障的问题，需要决策层的支持，以及技术层、业务层的充分理解与支持支持。

网络 DevOps 的三大核心中，人+机制＝文化，通过具体的机制要求和约束，形成一套面向人的行为准则，最终潜移默化地影响软件交付效率和软件质量的方方面面，同时，这些行为准则的组合也将构成企业内部的文化。在文化的形成过程中，人更重要，而人要发挥出最大的作用和效能，组织架构的保障则是不可缺少的。

保障网络 DevOps 落地的组织架构，可以分成决策层、技术层、业务层、协作层、机制层五个层次，如图 6-1 所示。

图 6-1　网络 DevOps 实施的组织架构

6.1.1　决策层：项目资源的保障

这里提到的决策层，指的是面向网络及基础设施层面，跨运营和研发团队的管理者（大领导），能够同时协调两方面的资源。

决策层能做出资源（这里包括资金、人力的投入）的分配，能安排组织架构、关键岗位的设置，能对项目的立项和投资拍板，能在出现跨团队争议时协调解决。最重要的是，项目实际给生产带来的最终收益，包括成本资本或者人员绩效等方面，最终都需要得到决策层的认可。

不单是今天的 DevOps 和网络 DevOps 这些新的开发模式，以往任何一个单体式的系统或者项目要落地，都需要经过需求评审、项目设计、项目评审等一系列流程，最后决策层拍板，才能真正地继续下去。

网络 DevOps 是一个促进协作的工作模式，虽然它的最终呈现方式是一个平台，但这个平台的规划设计、建设、运营同样对组织架构或者分工有很强的依赖。整个过程中需要产品、开发、运营的配合，上线后需要运营积极地开发应用，平台才能持续高效地运营下去。每个团队都需要投入大量的资源和极大的热情，甚至在必要时还会对现有的组织架构和分工做出调整，以适应新的平台和新的模式，如果没有决策层的支持，这些几乎不可能。

笔者所在公司的领导在大局上思路非常清晰，对实施网络 DevOps 的支持坚定不移，所以才有了公司在网络 DevOps 领域全方位的积累、认知和进步。

为了更好地实施网络 DevOps 平台项目，建议通过以下几个阶段，以持续地获得决策层的支持。

启动之前，通过平台目标与团队整体战略的对齐，得到决策层对实施网络 DevOps 的认可，并得到相应的资源的承诺。

在项目的推进过程中，持续地进行阶段性汇报，将进展与问题如实呈现。

提前制定衡量指标，这些指标要能体现出与团队整体战略之间的关系和作用，并实时地展现给决策层。

由于网络 DevOps 平台由"平台+应用层"构成，应用层的收益可能很难像以往那些小而专的单体系统，在短期内就可以见到，因此需要获得决策层的理解和认可才能保证获得持续的投入。

6.1.2 技术层：平台实现的基础

有了决策层的支持，加上业务架构师和产品经理在业务及应用架构上的规划与设计，接下来技术架构的设计和开发是否成功，就很大程度依赖于技术层的思路、技术与管理能力了。

这里的技术层重点强调的是承担着整个研发团队的技术和人员管理工作的团队负责人。因为这个角色决定着整个研发团队在设计和开发中能否正确地贯彻网络 DevOps 平台的战略、方向，以及能否把足够的资源投入到正确的工作中来。

首先是大局上的把握。站在研发的角度来看，随着网络 DevOps 的实施，平台研发将不会再像以前那样直接面向业务，而且研发价值也不能直接通过与应用的指标挂钩来体现，例如网络稳定性、变更自动化率等，平台研发人员会越来越像一个幕后英雄。但从更深层次看，要做一个成功的中台，不管是业务、数据还是技术中台，都不能完全与业务脱钩，反而要求在对业务有深刻和全面的理解基础上，才能做出足够抽象的功能，因此，网络 DevOps 平台对研发人员来说，在能力和能力的提升上会有更高更全面的要求。这方面可以向阿里业务与技术中台的开发团队学习，他们不但技术精湛，熟悉各类中间件的特点，还很了解不同业务的关键流程，不同前台的特性和要求，能够从业务角度精确地分析出其对中台、对技术的要求。

还有一种情况，如果处理不当，很容易成为网络 DevOps 和中台能力建设路途上的拦路虎。因为网络 DevOps 是一种文化，是一种模式，在平台建设成功以后，要将这种文化和模式真正形成一种习惯，肯定是需要一定时间沉淀和积累的，但这个时候，有些研发负责人往往出于需要短期出成绩的考虑，认为运营的开发能力跟不上，结果直接调整策略，调转方向回到原有的烟囱开发上来，或者直接让平台研发来做所有的应用开发，走了回头路。对于这种情况，正确的方法应该是快速定位能力暂时不匹配的原因和难点，并帮助运营人员解决。是代码能力不行？还是平台使用不熟悉？是规范或者其他的平台治理能力未跟上？还是平台的低代码能力还不够抽象导致门槛过高？找到问题并针对性解决。

其次就是技术上的指导。绝大多数研发团队的成员都一直保持着生命不止、学习不止的积极学习态度，也正因如此才能跟上业界关于中台、DevOps 等技术的发展。但现在很多研发团队的成员都是工作经验仅 3 ~ 5 年甚至更短的年轻人，如果研发负责人只是简单地把一些问题丢给他们去思考、去自行解决，而不给出正确的指导和方向，往往就会走偏。

特别是在架构设计上，研发负责人应该逐渐从应用为要的思维，向架构第一的思维进行转变，从单纯追求快速落地，向精益求精的工匠风格转变。研发负责人应从自己做起，持续学习，并带领团队成员沉下心来打造满足高可靠、高并发或者高扩展性的平台架构，而不再是沉迷于不断地重构、再重构。

最后是资源上的组织。既然已经跨入了新阶段，对需求的对接和资源的分配也应该同步做出适配和调整，在解决迫切问题的短期目标和满足团队长远战略的布局上要兼顾，而不是一边建中台、建 DevOps 平台，一边不断地安排更多资源建新的烟囱和小平台。也不能因为某些小平台见效快，就把人员、资源和奖励等都过度倾斜，忽略了那些打好底座的工作和人员。

针对技术层如何打好平台实现的技术基础，特别是对研发团队负责人，笔者有几点建议可供参考。

技术领导。作为基层研发团队的技术 Leader，首先应该是团队内的技术最强者，要在技术框架选择、软件架构定义这些方面把控大局，而不是单纯地做个管理者，让团队成员自己学习,野蛮成长。

资源保障。项目的分阶段落地,建议直接按网络 DevOps 的方式来设计和开发,不要再按照以往的那种纵向业务线或者场景分工,而是要逐步将研发重心放到如何满足数据、技术组件和平台的复杂性等方面,至少保证团队 1/4 以上的人力资源真正地投入到业务中台、数据中台和技术中台上。

需求把握。用户的需求肯定都是对的,但是用户的需求不一定都是准确和有效的。虽然有时候产品经理会过滤掉一些无效需求,但还是应该有一个技术 Leader 准确地判断用户需求的有效性。

6.1.3 业务层:DevOps 的具体实现

业务层和技术层是执行层面的两个重要部分,技术层负责技术的设计和开发落地,业务层负责用户的使用和应用的接入,也就是网工侧需要积极参与和响应的重点部分。之所以在这里没有用"配合"这个词,是因为对于网工而言,此时更应该作为一个积极的参与者和贡献者,而不仅仅是传统项目式系统的那种需求提出者。

对业务层而言,负责运营侧管理网络运营团队的负责人非常重要,既要牵头团队的日常运营工作,也要带领整个团队来推动网络 DevOps 平台的落地。

业务层在网络 DevOps 平台和网络 DevOps 的落地上应该起着主导的作用。作为平台直接的"甲方",正确地提出需求和问题会直接引导和影响正确的平台构建。同时要有足够的应用开发投入,才能体现和正确评价平台的价值。

关于业务层怎么做,主要有以下几点建议。

首先是思想认识要到位。网络 DevOps 带来的转型,对网工的要求和挑战更高,这个过程可能会很漫长而且很痛苦。运营负责人首先要让团队成员认识到,他们在这个目标和过程中,价值体现在哪里,收获和成长是什么。不要认为自己是从甲方沦为了"写代码的",也不要认为编排流程图不是一个有技术含量的工作;相反,能将运营经验转换成代码,这将是运营无法被取代的价值,同时,也能在这个过程中不断优化已有的运营体系和流程。正如前面提过,业务架构师、产品经理或者技术架构师,都可能在这个过程中从运营人员中诞生。

其次是注重对团队的技术培养。网络 DevOps 在技术方面对运营团队提出的要求和挑战更高:一方面要将网络领域的新技术抽象成与原有技术与业务相兼容的实现;一方面要学习和掌握软件开发相关的基础组件、服务和知识。这都需要运营负责人身先士卒,涉及的各个方面,都要让自己走在团队前面,带领大家共同学习和进步。

最后还是资源分配上的支持。笔者是网工出身，也待过很多运营团队，知道运营人员有多忙，在每年的项目建设高峰期或者规划期，更是忙得脚不着地，因此在日常的运营工作和 DevOps 应用开发这两者的资源分配上，常常不由自主地就偏向了前者。

这里有三个建议：一是发挥所长。对团队中有开发基础、对开发有一定兴趣的成员要重点培养和使用，作为应用开发的主力；二是错峰开发，充分利用空档期，将每年的建设和变更高峰期以外的少数几个月作为开发的重要阶段，其他时间以优化和迭代为主；三是培养好生力军，每年各公司都会招很多校招生或者实习生，让他们直接切入有风险的运营工作不太实际，师傅们往往也没有过多时间和精力从 0 开始辅导他们。不如以运营应用和基础应用的开发为切入，让他们在梳理的过程中熟悉设备、熟悉运营流程，在工作中学习，而且现在的通信专业大多也有编程课程，这些新人的编程开发能力往往比较强，完全可以让他们一展身手。

6.1.4　协作层：DevOps 的文化体现

协作层关注的是网络 DevOps 从规划设计到建设开发阶段、业务接入阶段，产品、平台开发与应用开发这几个关键的执行角色之间如何协同工作。

在传统的单体式系统开发中，产品经理是一个桥梁，负责将网工的需求转换成应用模块设计，再转给研发。这个过程中，网工认为业务架构的抽象是业务侧的事情，开发不需要知道；开发认为平台的技术架构和软硬件架构是技术侧的事情，网工不需要了解，更没有必要指手画脚。

这种站在各自视角看问题的方式，往往会造成平台上线过程中的互相不理解，结果就是交付延期、功能不好用，最后互相埋怨。

网络 DevOps 的协同，体现在规划、设计、实施、测试、运营的整个生命周期中。 在网络 DevOps 的规划和落地过程中，必须要做好产品、网工和研发的通力协作，各角色在每个阶段都要充分参与和相互配合，形成深度、持续的协作模式。具体可以参考如下操作。

- 规划阶段：业务架构师和（或）产品经理通过组织多轮头脑风暴式的工作讨论，运用企业架构方法和 DDD 领域设计方法，从愿景到业务架构分析，再到应用架构层复用能力的识别、以及技术架构的分层、领域服务的划分，在团队内达成一致。这可不是业务架构师和产品经理一两个人的事情，而是需要大家都充分参与，站在各自的角色和视角充分发表意见并深入讨论，形成一致的认识。同时这个过程更大的价值，一方面是网工能够提升抽象和逻辑思维能力，为团队培养更多的业务架构师；而另一方面平台研发人员也能真正了解了业务的特点，业务能力、业务活动和关键流程，而不是仅仅知道要做什么，却不知道为什么要做。

- 设计阶段：主要指软件技术层面的开发设计，包括技术架构的技术选型、软件架构的复杂度考虑等。平台研发人员既要遵循科学的技术架构设计方法做出正确的架构设计，也要以开放的态度与网工一起讨论，让他们充分了解并理解。同时，对其中涉及的一些技术组件，建议研发同学也主动邀请并组织运营人员一起来学习，帮助他们从单纯写代码深入到对中间件和业务技术组件的了解。这么做，既能够减少后续很多沟通成本，也是在为自己培养靠谱的合作伙伴。
- 开发阶段：主要指应用开发阶段。前文也提到过，出于人力、能力的现状，网工在应用开发的初期可能会遇到很多困难，这个时候需要研发团队给予充分的协作。一方面，研发团队应该在应用开发初期就协助网工制定很基础的开发规范，从第一行代码开始就约束起来；另一方面，最开始落地的几个应用，可以采取协同开发的方式，由网工负责伪代码，让平台研发人员辅助其在真正的代码层面完成实现。当然，这只是起始阶段的做法，后续的应用开发，还是要以网工为主，一定不要越俎代庖。

6.1.5　机制层：DevOps 的落地保证

网络 DevOps 是一种文化，但这种团队的文化水平很难通过量化和衡量去改变和提升。我们需要先改变行为，再通过行为来改变文化。而改变行为最关键的，就是要建立一种有效的机制。

关于机制的定义，比如在推进某项工作的时候，那些大家都要遵守的规范、要求，并配套相关的惩罚机制等，都可以看成是一种机制。所以，前面提到的代码编写规范，发布时的评审、测试要求，哪怕是功能函数需要遵守的目录结构，都可以认为是相关的机制。"平台+应用"的落地，这些机制都要提前明确，并且要落到实处。同时，建议所有的机制最终都由对应的平台能力来支持和实现，将机制和规则内建于工具之中，并通过平台来约束和指导实践。一个可以由人工控制的机制始终是存在漏洞的。

6.2　角色定义：平台运营的五种关键角色

老 M 又继续问小 P，你们现在团队里有哪些岗位角色？

小 P 回答：大的层面来看，就是网络工程师和研发工程师，更细分的话：网工还分管规划的、管建设的……

老 M 又问了：那项目从启动到现在，你又接触了哪些角色？你觉得还需要哪些角色？

小 P 认真地思考了一会，在纸上写下了：架构师、产品经理、应用开发、平台研发、测试工程师……对标一下，我们缺的好像还不少。

老 M 赞同地说道：对，项目的运行不止启动后的这几个月时间，后续还有更长的迭代和运营周期。我们不仅要明确项目整体需要的岗位，还要对岗位的能力要求，培养方式提出建议，这样才能获得领导的支持，逐步把这些角色都培养和完善起来，你以后也就不用自己身兼多职这么累了。

"人员能力不足时，不要做中台"，同样的，人员能力不足时，也不要做 DevOps，不要做网络 DevOps。笔者曾经在给团队做产品经理培训时，列过一个长长的能力脑图。当时有同学看完就说，我不想做产品了，你这要求太高了。这并不是特意提高做产品经理的门槛，所有的知识点，都是在踩过坑后的深刻教训：例如不懂数据库，就不理解数据持久化方式及不同类型数据的匹配适应性；不懂网络技术，就无法分析出十几个或者几十个客户提出的不同需求之间有什么共性；懂了微服务，才能更深入理解为什么服务治理才更值得关注；懂了产品的工具，才不会连前端都要靠运营/业务方来画 PPT 来描述。

网络 DevOps 是一种思想、一种模式，更是一种文化。同软件开发领域的 DevOps 一样，它也需要多种角色的合作与配合（如图 6-2 所示）来支持网络 DevOps 文化氛围的形成，共同完成网络 DevOps 平台的开发建设。诚然，在任何一个网络团队的组建初始，很难完整地具备以下将介绍到的所有角色，绝大多数可能只能达到 1/3 的水平（即具备其中的一些常规性角色）。但团队决策层、技术层、业务层的 Leader 们完全可以提前布局、提前物色、提前培养。不论是用专职还是兼职的方式，最终都要建立起角色齐全的人才队伍，承担各个层面和多个方面的工作，才能支撑起网络 DevOps 的落地实施。

应用研发　　产品经理　　业务架构师　　技术架构师　　平台研发　　平台研发

图 6-2　网络 DevOps 运营的关键角色

6.2.1 架构师：顶层设计

笔者自己就是产品经理，虽然在所经历的这些项目中也承担了部分架构师的工作，但并没有真正去思考过架构师的重要性和必要性，有时候认为靠自己产品经理的知识储备也能让项目顺利进行下去。但经过认真梳理和总结这些年的经验和教训，越来越觉得那些绕不开的坑、达不到的目标，究其原因就是因为项目团队中没有架构师，没有全面性的业务梳理，没有系统化的架构设计。因此，**非常有必要把架构师单独列出来描述，并且放在了我们关键角色的首要位置**。

在传统的单体式或者烟囱式开发时，研发人员接触更多的是需求分析和产品经理，把需求说清楚了，开始干就好了——这种阶段，有没有业务架构师这个角色，关系不大。

在传统的单体式或者烟囱式开发时，一个模块负责的功能范围很有限，平台如果出现了扩展性问题，再新建一个其他的定制的"平台"就可以了，此时，没有系统架构师这个角色也没啥大问题。

但现在，要设计和建设的网络 DevOps 平台是一个企业级的能力复用平台，是一个支撑运营多条业务线的整体平台，对业务和系统的整体性和全面性提出了更高的要求，仅仅靠产品经理这个单一角色是无法完成的。

1. 业务架构师

相比系统（技术）架构师，业务架构师更加让人觉得陌生。其实在传统行业中，如银行、保险、通信等，都会在其核心业务领域设置业务架构师，负责企业战略的拆分和落地。在阿里、腾讯这些大型互联网公司里，也会在主要业务线如电商、游戏等领域设置业务架构师的岗位，引导从企业战略到 IT 战略的落地。这两年互联网大厂所推崇的业务中台，就是业务架构分析和重构的产物。

网络运营相对而言是一个后端领域，更是一个专业的领域，往往被大家认为根本就不存在什么业务，并没有将业务架构这套方法很好地传递和应用到网络运营的领域中来。所以笔者以往经历过的那些网络管控平台的建设，基本没有业务架构师这么一个角色存在，而是一个网工一个需求、一个需求一个平台，快速落地，并没人去考虑其中的冲突、兼容和一致性等问题。

（1）业务架构师的职责与定位

业务架构师负责牵头网络 DevOps 平台业务架构设计，负责网络领域业务域的划分、业务流程的梳理，以及中台层面所涉及通用业务流程、业务功能、业务数据的识别。作为整个架构设计的起点，业务架构师的作用如同一幅书法作品的起笔。

（2）业务架构师的能力要求

对业务架构师的能力整体要求如图 6-3 所示。

图 6-3　业务架构师的能力要求

1）懂业务。这点毋庸置疑。我们对网络运营的业务定义做过解释，对横向的价值链和纵向的业务领域也做过分析，一个看似不那么复杂的领域，其中涉及的业务域也是相当多的。所以业务架构师建议从熟悉网络运营业务领域的网工中培养，而且最好是熟悉各类网络运营的业务领域。

这里提到的业务，除了业务场景、业务流程，还包括业务数据。要能够理解业务数据的类型、作用，知道如何确定唯一性，并为数据中台的规范性进行设计。

如果你的团队有一个拥有网络领域多个子领域生产经验的网工，那么恭喜你，你们已经在网络 DevOps 的设计上领先一步了。如果没有，重点培养一到两个人，让其在不同的生产岗位上轮岗、熟悉，将是一个不可绕开且非常必要的环节。

肯定有人说，我们每个业务线都有很多经验丰富的资深网工，细节沟通不会存在任何问题，多聊聊就可以了。但这样，我们只是走回到了传统的按项目和按需求开发的老路上，并不是一个基于企业架构的业务架构设计标准姿势。

2）逻辑思维能力。即使业务架构师对网络运营领域的所有业务、流程、数据都很熟悉了，但如果缺乏较强的逻辑抽象能力，不能很好地结构化、模块化，没法将自己总结的流程、数据用模型"表达"出来，那么应用架构很可能出现偏差，技术人员还是很难做出一个合格的系统架构设计。对于这种能力的养成，建议大家可以通过系统化地学习一些企业架构、DDD 领域设计的方法与案例，并结合自己的实践逐步提升。

3）软件技术能力。在实现业务与技术融合方面，业务人员往往会更"痛苦"一些，一些基础技术的理解，如宏观层面的分层理念、服务化、微服务化，如落地操作方面的数据库、大数据技术等，都不得不去接触和了解，这样才能最终将业务架构准确地转换成应用架构，进而传递给技术架构。

让业务"懂"技术，这是基础要求，但的确是一道很难跨越的门槛，至少在笔者经历过的部门和团队，大部分的网工都不愿意跨出这一步：这些应用开发的东西有研发去把握呢。所以解决这个问题，成为我们转型路上不得不面对的一个关键，否则，网工永远是网工，研发永远只是研发。

（3）业务架构师的岗位与培养

前文提到，建议业务架构师从网工中来。但很多团队本身人员都很紧张，很难单独设置这么一个岗位（何况从决策层到技术、业务层，通常很少有人理解和重视这个岗位），所以在团队人力紧张的情况下，可以考虑将这个岗位和产品经理合并设置。如果属于人员数量相对充足但个体能力达不到，可以先由几个资深网工合力以虚拟小组的方式来承担，但还是要明确一个业务知识有跨度的网工来做统一的协调和指挥。最终，还是需要培养一到两个跨网络运营生命周期且具备多岗位能力的专职业务架构师。

2. 系统架构师

或许是因为网络运营并非是公司利润来源的主流业务，或者是因为过于看重敏捷开发，或是积累太少等原因，互联网公司在搭建网络管控平台这类基础设施平台的过程中，往往很少考虑系统架构的问题。即便是产品经理或者运营团队一再要求，最后拿出来的往往也只是一个业务架构或应用架构图，反而成了研发对业务讲业务。

反观传统企业，在建设网络管控或者 IT 系统时，在系统架构设计方面考虑得却更为细致。

这就必然引起一个话题，即架构设计与敏捷开发的矛盾，有些人对架构设计有很大抵触，认为做架构设计就是和敏捷开发唱反调，严重阻挠快速响应业务需求。但实际情况却相反，做好架构设计，能让我们更坦然地面对那些复杂性问题的挑战，平稳地面对后续的技术和应用的发展，能够一直保持持续的快速响应。

（1）系统架构师的职责与定位

负责网络 DevOps 平台技术架构的规划与设计，完成平台层、中台层的物理部署与技术组件设计，完成技术选型、技术路线确定，形成清晰的平台、中台、应用的边界，并负责以简单明了的形式让网络运营与产品经理理解与认可。

(2) 系统架构师的能力要求

对系统架构师的整体能力要求，如图 6-4 所示。

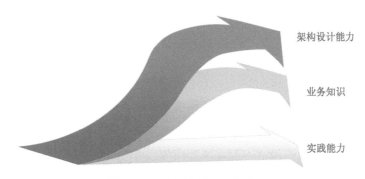

架构设计能力

业务知识

实践能力

图 6-4　系统架构师的能力要求

1) 架构设计能力。这里强调的是系统的技术架构，不是指具体的代码开发能力。互联网大厂的主营业务团队，往往都有不止一个的技术架构师，但到了网络运营领域，不管是入职面试还是日常工作，往往更多地强调代码开发能力，很少对系统的技术架构设计思维和能力提出要求。技术架构是什么？是为了解决什么问题？复杂度来源是什么？设计时需要考虑哪些问题？这些都是一个合格系统架构师必须思考清楚的问题。

2) 业务知识。打造一个平台，不能简单地照搬别人的架构设计，不能一味追求高性能、高可用、可扩展，但又不能完全忽略这些问题，要根据平台的应用业务场景来做出正确分析。而这些分析的正确性，很大程度来自于系统架构师对业务，即对网络运营工作的理解。而且作为网络 DevOps 平台，不同应用对技术组件的要求很可能存在差异，如何求同存异，既保证满足需求又不会任性提升成本，就需要考验软件架构师对业务的理解力和自身的判断力了。

一个典型的场景就是控制器对不同协议、不同设备的适配，如何既能平滑地扩展和支持，又能避免不断地垂直树立烟囱，因此对技术架构师的业务理解能力提出了很高要求。

3) 实践能力。在技术架构设计中提到的三原则，即合适原则（适合就好）、简单原则（力求简单）、演化原则（不断演进），只有具备一定经验的系统架构师方能更好地把控和运用，避免走偏。**一个只会纸上谈兵的架构师不是合格的架构师，一个富于实战经验的架构师才能因地制宜，制定出合理的技术演进路线。**

(3) 系统架构师的岗位与培养

架构设计着重选择和取舍，代码开发着重逻辑与实现。我们大都学过很多代码编译和开发框架，却很少有体系化的资料来教授如何做好架构师；有很多研发人员代码能力极强，开发出来的东西又快又好，但却不一定都适合转成架构师。

好苗子可遇不可求，所以每个研发团队一定都要注重系统架构师的培养，而不是把大家都当成只会写代码的工具人。同前面的业务架构师一样，系统架构师最好也从研发团队内部培养。想要从外部直接招到合适的并不简单，也很难对自身的业务快速熟悉。

如果团队确实以应届生或者年轻员工为主，那么如同前面技术层所提到的，研发团队负责人要承担起系统架构师的职责，至少也要成为系统架构师的导师，不能只把架构的问题扔给研发人员让他们自由思考。

如果人员资源有限，无法设立专职系统架构师，可以从平台研发人员中挑选一个顶上来并着重培养。需要强调的是，现在是在打造一个企业级的能力复用平台，所以，不要再以垂直的业务方向划分来安排架构师，请务必为这个平台确定一位真正的系统架构师，甚至设立一个专门的系统架构师小组。

6.2.2　产品经理：应用与组件设计

产品经理不是也不能是需求经理，将需求一个一个记录到需求管理系统，然后排期、跟踪，这样做出来的只能是以前那种烟囱系统，也并不能真正意义地提升研发效率，更别提设计实现出具有通用性的中台了。产品经理也不是谁都可以胜任的，有些底子又临时性地看过几页产品经理宝典的不见得能成为好的产品经理，运营上有着十几年运维经验的不见得能成为好的产品经理，敲代码出神入化的"码农"也不见得能成为好的产品经理。

1. 产品经理的职责与定位

产品经理负责根据业务架构的输出，整理和设计出网络 DevOps 平台的应用架构；负责对平台中业务中台、数据中台的业务组件进行识别和设计；负责对技术中台中的技术能力进行抽象，形成面向应用的低代码开发能力；负责前端界面的设计；负责项目进行中各类问题的协调和解决，推动项目的最终落地。

在团队缺乏业务架构师的时候，产品经理甚至需要临时兼顾业务架构师的工作；在团队缺乏系统架构师的时候，产品经理也要协助研发团队负责人，及时指出系统技术架构设计中的问题和缺陷，从而推动平台向正确方向发展。

2. 产品经理的能力要求

要成为网络运营领域的产品经理，需要在业务（即网络运营）、技术架构、产品能力与项目管理这"3+1"个方面都要有一定的积累，其能力要求如图 6-5 所示。

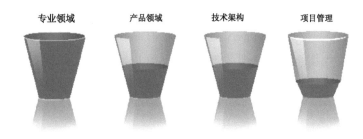

图 6-5　产品经理的能力要求

(1) 专业领域

专业领域在本书中即指网络运营领域。在基础设施"三大件"（IDC、服务器、网络）中，网络恐怕是最复杂的，不仅体现在厂商型号命令等确定性方面的差异上，更体现在要不断面对协议的演进及其带来的网络架构和运营模式的变化等不确定性上。

作为一个网络运营领域的产品经理，首先要在理论上对网络的各类基础协议、作用、适用范围、常见场景、关键属性、可能遇到的问题等，都需要有一些初步的了解。否则，在针对协议的规则配置场景你可能根本梳理不出其关键要点。

其次对于自己所在的企业，要熟悉内部的网络层级、布局、架构等关键环节。不说对DC 内各种架构了如指掌，至少要知道不同架构下设备层级、角色、可视化或者管控技术上的差异；不说对骨干网各层设备的特性滚瓜烂熟，至少要知道不同层级的设备承担的作用以及发生故障时造成的影响。

最后要熟悉运营生命周期中的不同场景。"一切需求皆流程"这句话没有错，但也不完全准确，特别是放在网络这个复杂的环境中。**运营的场景基本都是由规则、流程和数据三个必要因素组成的**，流程只是将前后两者串接起来的一个手段。不同的场景下，要理解触发或者开始流程的规则，要理解其流程完结后存储的数据，不能简单地认为搞定流程就解决一切，否则最后提供给运营人员的，也就是一个通用的工单系统而已。

简单举几个例子，让大家一起来看看为什么专业领域知识对产品经理来说很重要。

告警监控是网络运营的生命线，如果不能及时发现网络中的异常，稳定性就是一个空谈。而告警的来源是多样化的，单个协议根本不能完整地报告网络发展的异常，比如我们都知道，SNMP、Syslog、CLI、ICMP 采集的信息都可以作为告警的来源，这些信息达到某些阈值或者匹配某些规则即能形成告警。对于不同的协议，产品经理要理解它们的差异在哪里，才能抽象出不同的采集、告警规则，形成统一的可定义的能力提供给网络运营人员。

同时，当多个协议都检测到异常时，告警收敛又是一个复杂的过程了。最常见的就是一个链路中断的异常——SNMP 和 Syslog 都会通告端口的 down/up 异常和路由协议邻居邻接异常，IGP 和 BGP 都会反馈路由的变化（如果部署了路由监控的话），这时就需要将多个事件关联起来，否则就会被大量告警刷屏。如果产品经理不懂业务，可能根本就无从考虑如何关联、关联的规则如何定义、关联后如何产生新的告警等，也就无法设计出可让客户自定义收敛规则的服务能力了。

（2）产品领域

笔者是从网工半路转型成为产品经理的，入职后也没有参加过系统性的培训，只能在"做"的过程中不断总结和提炼经验。但笔者不认同那种翻两页书的速成法，"读万卷书不如行万里路"，还是建议有志成为产品经理的朋友通过实践和实操的积累，掌握以下几个方面的能力。

1）需求的管理方法。这方面业界有些常用的体系和方法，像设计思维 Design Thinking，用户故事 User Story，服务蓝图和用户旅程图等，都能帮助我们以用户或者服务提供者的角度，来分析、审视和提炼用户的需求及体验。网络团队的产品经理往往需要面对很多网工和需求，因此如何识别出有效的需求，需要基于"需求管理能力+专业领域知识"，才能给出正确、合理的综合判断。

2）产品设计工具的使用。这里首先还是要提一下 PPT 这个工具。没做产品经理以前，笔者觉得 PPT 只是为了汇报而用，对产品设计并没有帮助。但在做了几年产品以后，笔者已经离不开 PPT 了，特别是在启动产品文档的编写之前，必先用 PPT 来梳理下提纲。用 PPT 结合精益价值树来分析针对每个战略、每个机会点、平台的功能点在哪里；产品文档中每个章节中需要表达的重点，可能面临的问题，需要的资源和帮助等。有了这个看似"累赘"的过程，会发现自己思考问题的逻辑越发有条理，写出来的文档的结构也更加清晰。

如果你还是觉得没办法形成清晰的思路和提纲，还可以在 PPT 之前先用思维导图。把所有想到的思路、创意甚至只是一个一闪而过的火花，或者把你接收到的所有尚未判断过是否合理的需求，先用思维导图全部列下来，然后再归类、合并、调整，最终形成有层次有条理的提纲。

这些通用工具，即便你不是产品经理，也可以用来管理并提升工作效率。而作为产品经理，还需要掌握原型图设计工具，比如 Axure 和 Sketch，就笔者个人而言，平时使用前者比较多。

Axure 其实并不仅仅是一个静态页面布局的简单工具，我们也可以通过 Axure 实现一些动态页面的交互效果，如动画展示、按钮效果、页面切换、链接等，除非一些特别炫酷的呈现，一般的页面展示效果都可以通过 Axure 来实现。通过一些动态效果或者交互的引入，能让业务方更加理解产品经理的设计，特别是在管理层次过多的情况下，也能让研发人员的前后端设计更加全面。

如果产品经理还有一些基础的页面排版、字体、颜色组合的 UE 设计能力就更好了，这样可以使产品的页面用户体验感更好。大部分网工转产品经理的都是工科出身，这个要求可能有些高，不过这项能力不是必需的。

（3）技术架构知识

这里的架构知识包括两块：一是技术架构，二是组成技术架构的关键技术组件，特别是现在广泛使用的中间件技术。

1）为什么要掌握技术架构知识。

为什么需要了解这些？我们只是产品经理而已，既不需要对平台的开发负责，又不用具体写代码，这些只要交给专业的开发就可以了。在十年前笔者初当产品经理之时，曾经也是对这些技术架构知识漠不关心，然后发展到追着研发问 Hbase、Redis 和 SLS 等的区别（虽然当时听了多次以后依然没理解），再到自己埋头修炼，主动学习。总结下来，这些知识的掌握是必需且必要的。

从企业架构设计的层面来说，产品经理一般负责应用架构，研发团队一般负责技术架构。但从以往的经历来看，研发人员往往更容易去关注业务架构，而忽略了技术架构本身的设计。如果产品经理有一定的技术架构知识，就能指出技术架构设计方面存在的问题，也就能协助研发团队形成与应用架构紧密承接的技术架构，从而建立从业务到应用到技术的闭环。

了解关键技术组件，一方面可以将技术组件的选择与业务（网络运营）的属性更好地匹配起来，一方面也可以避免与研发人员沟通时无法理解的尴尬。特别在当前云原生的时代，如何更好地发挥云原生的优势，如何把已有的应用或者业务组件平稳地迁移到云上，顺序和优先级又如何安排，都需要产品经理和技术研发的通力配合。

2）产品经理学习技术架构的要求

拿数据中台的设计举例，首先产品经理应该是一个随时可以转型为数据分析师的"跨界者"。不管是数据仓库的搭建、数据分析的步骤，还是机器学习的模型选择与训练，产品经理都应该理解其过程、要点，方能从中抽象出运营场景的需求共性，也才能在运营同学实践过程中起到导师和协助的作用。

其次，在前面提到的基础技术中，数据存储技术一定是大家用得最多的，因为不管是定义的规则，还是执行的自动化或者流程，都需要将相关数据存储起来。特别是关系型数据库、非关系型数据库及缓存等，其差异性、特点，在网络运营不同场景中的适应性等，都必须是一名产品经理需要掌握的知识。

同时，在数据的使用过程中，需要对实时的流数据进行计算，需要用队列实现数据的传输，需要用前端组件实现数据的可视化。在数据分析或者机器学习的过程中，还需要用到流程引擎，将不同的处理作为任务节点串接起来。

所以，产品经理掌握技术架构及其技术组件的知识点，是"既要、也要、还要"的岗位要求，而具备了这些能力，也必然会使工作本身变得更有成就感。

(4) 项目管理

项目管理不是产品经理的必需能力，但往往由于人员有限或者项目落地的需要（产品经理毕竟比项目经理更清楚项目的难点和要点是哪些），产品经理兼任项目经理的情况并不少见。

1）优势。

干系方的梳理。不管是数据的血缘、依赖和交互，还是业务流程的上下游合作团队，或是技术环节上的关键前提条件，对于有专业、软件能力积累的产品经理，很容易理清项目的干系方及依赖顺序，有的放矢地展开合作并推动跨团队问题的解决。

项目难点的把控。产品经理从知识结构的角度来说，可以说是"最懂开发的业务方"＋"最懂业务的研发"，所以对业务上的技术难点，包括技术协议的选择、业界能力的支持，或者对开发上会遇到的问题或"坑"，包括分布式的部署、存储方式的合理性等，都能有自己独特的认识和见解。知道难点在哪里，自然也就不会出现那种拍脑袋定排期的状况了。

2）劣势。

精力不足。从团队的人员配比而言，产品经理的配置往往是比例最少的，无论是与开发人员比较，还是与业务方即运营人员比较。这就意味着一个产品经理往往要对接十几个甚至几十个开发和运营人员，总是并行跟着数十个项目或者模块，精力很难完全跟上。

不那么专业。要掌握前面提到的那么多领域的知识，甚至还要跨领域了解其他横向合作团队，需要前瞻性学习和掌握更前沿的专业及软件技术知识，做到面面俱到，毫无缺项是不太可能的。

3）产品经理怎么做好项目管理？

虽然面临一些挑战，但当产品经理遇到需求、应用、技术、外部支持与配合等各种影响网络 DevOps 平台最终落地的问题时，还是要迎难而上。可以遵循以下三个原则去解决面临的问题。

对优先级有自己的基本判断。从每个提需求的业务方角度来看，自己的需求永远是最重要的；从某个管理者的角度来看，能解决当前最主要矛盾的需求就是最重要的；而从团队决策层来看，符合团队战略的需求才是最重要的。因此从实现网络 DevOps 平台的整体目标来看，是一直去做零散的需求实现，还是在实现的过程中逐步搭建平台能力，产品经理必须要有一个需求的优先级判断并始终坚持。

永远多想一点。不论是业务方提出的业务架构和业务方案，还是研发方提出的技术架构与实施方案，产品经理都要从融合的角度多思考一点，从换位的角度多思考一点。既要解决眼前的实质问题，更要多考虑后续的平台能力提升、支持更多场景等扩展性问题。支持演进，避免重构，要找出一条最理想的规划思路。

当好桥梁。网络 DevOps 强调协作，作为研发与运营之间桥梁的产品经理，需要做更多的协调工作。不管是业务、应用还是技术架构的设计与讨论，都要做好组织者，做团队协作沟通的桥梁。

3. 产品经理的岗位与培养

产品经理在网络运营领域一直很少见，除了一两个大厂，很少有公司在此领域单独设置这个岗位。由于网络运营这个领域的特殊性，要招到既懂网络、又懂产品、还要懂研发技术的产品经理本来就很难，更别说搭建网络 DevOps 平台时，要求产品经理跨多个业务领域，需要熟悉云、网、中台等多种技术。

对于前面提到的产品经理需要具备的几种能力，笔者建议按照网络知识>研发知识>产品知识>项目管理知识这样的优先级来排序。总体来说，后面两种知识或者能力是相对比较容易培养的，前两种则需要付出大量时间和精力来沉淀和积累。因此，产品经理可以从具备一定年限但又不那么资深的年轻网工中选拔，因为这样的年轻网工的学习能力特别是接受新知识的能力会更强。

建议将产品经理的岗位独立设置，并直接面向团队的整体负责人，这样既不会因为归属运营团队时无法对需求做出准确的优先级安排，也能避免归属研发团队时无法对架构、研发等错误问题提出客观、公正的意见和建议。

6.2.3　平台研发：底座建设

1. 平台研发的职责与定位

网络 DevOps 平台，整体是"平台+应用"的架构，平台研发负责其中"平台层（含中台层)"的架构设计、开发实现与物理部署。平台中的业务、数据、技术中台能力的开发与实现，都需要结合业务特点做深层次的二次开发，从而为网络运营提供专属的业务服务能力。

2. 平台研发的能力要求

对于这些要求，此处将借助几个题目问答来描述。

(1) 问题一：研发需要懂网络吗？

答案是肯定的，一定要。

首先必须承认，任何一个在网络运营的研发领域工作两到三年的研发人员，都基本具备了一定的网络知识，特别是那些在垂直领域，比如变更、告警、流量等领域深耕了很久的人。但同时也必须承认，不管是纵向看网络知识掌握的深度，还是横向看网络业务涉及的领域，大多数人对云网运营的认识还比较浅，也比较局限，最大的一个问题是零散。

在网络 DevOps 平台的开发过程中，平台研发人员的主要目标是打造一个通用的"平台（中台）"，而不是以前那种针对一个个具体需求和场景的端到端开发。貌似平台研发不再需要理解和熟悉网络的技术与流程了，但从网络自动化三要素来举例分析，并非如此。

先看规则。在以往的开发模式中，网络运营特别是网络运行维护涉及的一些规则，如告警阈值、告警解析、自动化驱动等，很多时候都是由开发编写固化在后端代码中，运营怎么定，开发怎么写。虽说这样落地很快，但随着运营中经验的积累和设备、技术的演进，这些规则并不是永远一成不变的，而是会不断地调整、测试和优化。如何把后端用 Java 或者 Python 写在代码里的规则提炼出来，打造符合网络需求的规则引擎，或者能在开源的规则引擎上开发出适合网络的个性化能力，甚至能用机器学习训练的结果去推动规则的优化，都是需要有业务知识积累的。

再看数据。虽然网络 DevOps 平台的数据中台能提供通配的数据接入、处理和可视化能力。但在数据仓库的搭建过程中，特别是分层数据的拆分与聚合，需要开发人员对业务数据非常熟悉并有着深入理解，才能将 DWD 和 DWS 层搭建得更加合理、规范和具有通用性，从而适配更多的上层数据应用和服务。

最后看流程。业界现在开源的流程引擎既有其作为引擎的通用能力，也有各自的一些独特性能和优劣势。回到网络 DevOps 的实际应用中，由于应用场景的特殊性和复杂性，只有对业务有深入理解的开发人员才能提前做出预判和选择，并在开源的基础上形成自己的能力，从而避免中间过程中"不得已重构"的发生。

（2）问题二：相较于传统的开发模式，网络 DevOps 平台对研发人员的研发技能要求有差别吗？

回答是肯定的，而且差别很大。

就拿数据中台、微服务、研发效能来说，比如数据中台，平台研发团队成员应该大部分都是工程开发的能手，但要想找出几个对数据的处理、分析有规范化模型化能力的还是不多，具有数据中台思维的更是少之又少。往往是业务在谈数据中台，他却在谈报表平台；业务关注的是实现数据接入、数据处理和数据分析的通用能力，他认为要做的重点却是流量分析平台、告警分析平台、报表平台、资源分析平台。所以说，对数据和数据中台的认识与技能等要求，在网络 DevOps 平台设计和开发过程中明显要高得多。

网络 DevOps 平台中，不论是中台还是应用，都可能以微服务的方式来部署，因此需要将微服务的一些基本能力封装成平台的基础能力。所以不管是在微服务的框架选择上，还是微服务的开发、部署、治理上，研发人员都要对其有深刻的理解和动手实践能力，而不是仅仅把自己当成一个使用者。

再看研发效能，网络 DevOps 平台是肯定需要关注应用开发的开发质量和开发效率的，所以以往被大家忽略的 CI/CD 重要性就会提升很多，研发人员如何把以前自己使用的一些能力，开发成可提供给网工、适合网络运营应用的能力，必然需要很多的思考、设计和开发。

（3）问题三：网络 DevOps 平台给研发同学带来的收获是什么？

这是个开放性的问题，首先可以明确的是，网络 DevOps 平台给研发人员带来的收获很多，但在回答"是什么"这个具体的问题上，笔者曾经思考了很久。

应该说，网络 DevOps 强调运营和研发的充分协作，从运营角度来看，逐步掌握了研发的知识与技能，可以说是成功迈出了转型的一大步。对于研发而言，同样也有非常大的收获，至少在三个方面是非常明显的。

1）可以认识云网运营的全貌。在从业务架构到应用架构、技术架构设计的整个过程中，对业务也就是网络运营的整个领域会有一个全面的认识，而不像以往，只局限在有限的垂直领域里。

2）架构设计能力有质的飞跃。不管是承担技术架构设计牵头的研发负责人，还是参加具体技术架构设计的研发人员，在学习或者动手的过程中，其架构知识必将得到极大的提升。

3）接触到更多领域的技术知识。以往的单体式设计，大家接触的知识领域都是有限的，而在平台的开发过程中，技术中台的技术组件、技术中间件的选择和部署、数据、微服务等，都能让大家掌握的技能更加全面深入。

所以，对平台研发人员，要想做好网络 DevOps 平台项目，自己的能力也要达到以下几点要求：

1）全局性。以前运营商的领导们总是强调"一专多能"，这个要求到现在还是有一定适用性的。我们并不要求出现一个全域所有研发知识都很专的"超级专家"，但各类中台涉及的业界主流技术，还是需要有所涉猎。前面提到系统架构师要从技术中来，也是考虑技术岗位对软件领域技术掌握的全面性。

2）专业性。网络 DevOps 平台会涉及一些特定的业务中台能力，如流程引擎、规则引擎、任务调度等，因此要有网络运营的知识，要熟悉网络运营的流程，并将业务与技术结合起来，才能选择适合自己的开源框架，也才能在开源框架上实现可复用能力的定制开发，从而最终推动业务中台的开发落地。

3）普遍性。这里指对一些常用中间件能力的运用。并不是说一定要去自己开发中间件，一些开源的，公有云的，或者公司内部正在服务的中间件能力还是要熟练掌握的。同时在团队需要自建一些基础能力时，如微服务注册、API 网关、配置中心等，一些诸如 Master/Slave 的选举、心跳机制等是需要掌握的。

总结下来，平台研发的能力要求如图 6-6 所示。

图 6-6　平台研发的能力要求

3. 平台研发的岗位与培养

一般来说，研发团队的人员，研发能力没有什么问题，因此，如何培养并尽快地让研发人员理解和熟悉业务就成了关键。

这里首先要问一个问题，我们希望让研发人员熟悉网络到何种程度呢？几个可选答案如下。

A：培养成为网工。

B：培养成为懂网络的研发。

C：培养成为研发架构师。

D：培养成为懂网络的研发架构师。

相信各位读者朋友给出的答案一定是各不相同的。A 可能是大部分网工的首选答案，B 则恐怕是大部分领导或者老板的首选答案；C 相信是大部分研发人员的答案，而 D 则应该会是少部分研发人员的答案吧。

成为一个资深网工，应该并不是我们培养平台研发人员的正确方向。同时想成为一个资深网工并不容易：一个熟练的网工，在掌握网络基础知识的基础上，至少要 2~3 年才能培养出来。

从研发人员自身的发展规划而言，肯定都希望能成为一个成功的架构师，至少是一个具备架构师思维的研发工程师，毕竟"不想当将军的士兵不是好士兵"——每个研发都应该有一个架构师的梦想。

当然，在任何一个业务领域从事研发工作，都必须要熟悉和了解这个领域。因此对研发人员的培养，应该是"架构+网络"双管齐下。

系统架构方面的知识和能力，需要通过全程参与项目，从业务架构到应用架构、技术架构的设计，和从上到下的宣贯中获得。而网络运营领域的知识和能力，则可以通过如下这么几种方式培养。

（1）轮岗

比较常见的就是用 3~6 个月的时间，让研发去参与一部分网工的事情，当然本职的研发工作不能丢。笔者曾看到过一些学习提纲：从最基础的 ISIS、BGP 协议，到网络架构，再到网络的实际操作，需要在短短几个月时间内深刻掌握并能动手实操，其实难度并不低。

（2）轮班

这种模式，是在最基础的网络运营工作中，定期安排研发人员进行深度参与。比如一线值班，一周安排一次值班，虽然不会让研发人员独立承担工作，但必须要求其持续参与和深入学习，要全面了解网络运营中的各类问题及其发生的上下文。

（3）协同开发

在应用的开发过程中，平台研发人员与网络运营人员协同合作，共同开发，研发能在过程中了解和掌握业务流程和特点，业务知识的广度和融合度也必定会超过以往的单体式开发。

6.2.4 应用开发人员：实践应用

1. 应用开发的职责与定位

应用开发负责最终实现网络 DevOps 平台上各类运营场景的开发，通过运营操作的自动化运行，提升运营效率，降低重复工作的风险。不要狭义地认为只有写代码的才是开发，只要是符合以下三种方式之一，实现网络运营能力线上化的，都可以认为是应用开发。

一是通过前端录入的方式输入规则、管理数据等，这些规则和数据可以被其他场景应用所调用。

二是通过代码方式形成基础能力，包括面向设备、面向既有系统、数据的基础模版等，这些基础能力能被场景应用所调用。

三是通过编排方式将以上两种能力编排成一个完整的业务或者数据流程，即符合场景应用。

2. 应用开发的能力要求

对应用开发的能力要求如图 6-7 所示。以上中提到的三种方式对应用开发的能力要求会有所差异。但整体上可以归纳为以下几点。

图 6-7　应用开发的能力要求

（1）代码能力

不用达到平台研发那么高的 Java、Go 语言水平，熟练掌握 Python 即可。

不要只满足于能够编写代码实现逻辑，类、方法、对象这些编程基础还是要理解并掌握；不要只是把功能实现了就行了，基本的代码规范和要求还是要必须遵守的；不要只管代码自己看懂就行，该有的代码注释一个都不能少。

除了 Python，前面基础技术部分也提到了，XML、JSON、SQL，这些基础到不能再基础的语言还是要学会使用。

（2）软件知识

不要以为这些和网工没关系，当开发的应用运行失败了，至少要知道可能发生了什么，而不是两眼一抹黑，只能寻求平台研发来处理。

（3）熟练的网络技能

相较于代码编写能力，这个应该属于必需能力，所谓熟练，就是既包括业务逻辑和运营经验，也包括面向设备的基本操作。缺乏这些积累，很难成为一个真正意义的应用开发。

（4）逻辑能力，包括抽象与结构化能力和收敛能力

抽象与结构化能力：在基础指令之上，以多大的维度来组织更上或者再上一层的能力，很考验技术人员的抽象能力。曾经有个进入大厂的朋友跟笔者抱怨，早就听闻这里的自动化业界闻名，可是一个小功能的实现，竟然有三千多行代码。领导要他优化，他看着这些代码却完全不知道从何下手。这个问题的出现固然可能有代码的逻辑问题，但是组件的抽象和结构化不够清晰，肯定是一个重要原因。

收敛能力：有些团队的变更类型或者告警类型，随便一列就有三四十个分类，然后针对这些场景定个年底要达到自动化率多少的指标。对于如此种种，笔者更建议在开始自动化之前，先从专业的角度，对现在的场景和类型做一些收敛，把类似的、但之前因为网络层级被强行分开的场景收敛起来，识别可自动化的特性后，再开始应用的开发。这样的应用开发将会更加聚敛和有效，后续维护和运行也自然会更加高效。

（5）数据能力

网络管控平台发展数十年，数据却好像一直都是研发范围的事情，很少有运营主动参与其中。当数据中台建立以后，网工只有具备一定的数据理念、数据处理、数据分析以及机器学习的基本概念及技能，才能将数据中台的作用和价值充分发挥出来，并挖掘出网络数据的真正价值。

3. 应用开发的岗位与培养

应用开发一定要以网工为主体，以将他们积累的经验转换成线上运行规则、流程、数据，同时也便于线上能力随运营生产的架构、流程、配置等优化而随时调整。

应用开发的培养要重应用、轻开发。之所以让网络 DevOps 平台提供便于应用开发的不同能力，就是为了让网工都充分动起来，能够负责起不同类型的应用开发。

这里也给大家提一个类似于平台研发转型的问题：即通过网络 DevOps 平台，希望网工达到怎样的转型目标？

　　A：会写代码的网工。

　　B：资深网工+业务架构师。

　　C：数据分析师。

　　D：业务架构师+产品经理。

　　记得在一家公司做架构设计培训时，曾经组织过一次头脑风暴，题目是：希望网络 De-vOps 给你带来什么收益。当时备选答案有两个，一个是实现团队向研发型团队的转型，另一个是降低网络从事研发的门槛。最后的结果很值得回味：组长及以上职位的 Leader 基本选择了前者，所有网工选择了后者。

　　所以笔者认为，可以将团队的整体转型，即上述四个答案中的 A，作为一个团队的共同目标，而将其他 BCD 答案中的资深网工、业务架构师、数据分析师、产品经理，作为团队中网工个体转型的个性化目标。同时，在人员的培养中，要同时关注团队整体目标和个人目标的达成。一方面可以在新入职员工的招聘时，注重代码编写能力的要求，逐步提升团队的代码能力和比例；一方面根据员工的选择和兴趣进行不同方向的培养，统筹好工作重点的安排。即在整个网络 DevOps 平台的设计和应用落地过程中，通过安排大家参与不同的工作，实现团队和个人的共赢。

　　当然对于有条件的团队，可以持续给应用开发（也就是网络运营人员）培训一些简单的软件开发知识，从应用架构和技术架构开始，让大家有分层的概念，知道有哪些模块和技术，再了解相关技术的作用和基本使用方法，从而理解自己开发的应用是如何开发和运行的。

6.2.5　测试人员：稳定保障

　　即便是以往那些单体式的网络运营系统，也很少设置专职的测试人员。或许是由于网络运营平台并不像公司主营业务那样直接面向互联网客户，每次发布的版本即便有 Bug，也不会造成很致命的影响，实在有问题，直接回退或者修复，或者逐步迭代就好了。

　　所以在以往的系统项目中，测试基本由其他岗位兼任：开发负责单元测试，UI 测试由交付后的使用者测试，集成测试基本也由使用者边使用边测试，至于回归测试和设备兼容性测试，往往就得根据需要和时间另行安排了。

　　网络 DevOps 平台投入生产以后，考虑人力因素，虽然不硬性要求设置专职的测试岗位与人员，但从平台侧和应用侧的稳定性关注差异点出发，至少也要明确由其他相关角色进行兼任。

（1）平台侧要求

关注单元、接口、性能和稳定性的相关测试，可以由平台研发人员兼任。

（2）应用侧要求

关注基础应用（模版、函数等）的单点测试和运营应用（场景、方案等）的端到端测试，以及 UI 的测试。从人员能力看，网工肯定不具备专业的测试能力，更别提一些自动化测试的脚本编写了；但从对业务逻辑的理解来看，实例运行是否正常，输出的结果是否是预期范围内的（以决定是否要对场景和方案进行调整），网工更能做出正确的判断。

解决这个矛盾，一方面需要平台研发人员的辅助，通过一些自动化测试能力的构建，对重复性的测试形成体系化的测试能力；一方面也需要运营人员自身的知识拓展，要学会使用一些测试的小工具。

6.3　开发应用：让网络 DevOps 平台发挥价值

经过老 M 的一番指点，小 P 提出了网络 DevOps 平台建设项目的组织保障需求和人员角色的规划，这得到了张 sir 的同意和明确支持，并根据该规划进行了落实。

接下来要进行的就是应用开发的准备工作了。

想到平台上马上就要有应用上线发挥作用了，小 P 还真有点小兴奋：作为一个网工，这是第一次正儿八经地在为研发做准备。等我们的应用一个一个上线了，平台的价值就能充分体现了！

老 M 有过多次研发项目落地的经验，也有云产品商用化的经历，可谓身经百战，听了小 P 的话后微笑着说：关于应用开发啊，可别着急开始干。既然是平台，那就不是以前那种小脚本、小工具的作坊式管理，咱们的应用开发首先要以标准的研发管理模式规范起来。除了开发语言的选择以外，开发规范、命名规范、目录管理，发布、审批和测试管理，传统研发中需要事先明确的东西，一个都不能落下。

老 M 这一番话小 P 深以为然，于是，小 P 带领研发团队，在老 M 的指导下步步为营地开始了应用开发的工作。

应用开发工作，首先是从最基础的确定应用类型、选择哪些开发语言作为工具的开始做起。

网络 DevOps 平台既然是舞台，一方面要给各类网络运营应用提供必要的能力，一方面也要通过其承载和运行的应用来体现和发挥价值。但应用开发与平台开发一样，也要遵循各类开发规范，如果一开始就是以松散模式来进行，后续必将出现很多的问题和麻烦，将网络 DevOps 平台本身的优势和特点消除殆尽。

6.3.1 网络 DevOps 应用的概念

网络 DevOps 应用是指在网络 DevOps 平台上，由网工通过代码、录入、编排等方式所开发出来的可独立运行的脚本、方案等。为了便于区分和管理，我们又将应用区分为基础应用和运营应用两种。

（1）基础应用

- 底层与设备交互的单个或多个命令形成的原子模版或者功能模版，用于完成一个独立的动作。
- 通过抽象的规则定义界面定义的单条规则，通过数据创建页面创建的数据表单，通过标记语言等形成的通用模版。
- 通过函数封装调用现有系统或者数据的能力。

基础应用有以下几个特点。

- 可以被上层的运营应用所调用，同时没有限制条件。
- 没有过于复杂的业务逻辑。即使有通用性也较强。

（2）运营应用

将多个原子模版、功能模版或者规则、数据、函数组装起来形成的单元，或者将多个单元按照业务逻辑编排成的方案。常常用于支持某一类运营场景下的生产活动。

运营应用的特点。

- 与场景对应生产活动的业务逻辑强相关，不同的逻辑就是不同的运营应用。
- 对应领域分层模型中的应用层。

6.3.2 网络 DevOps 应用的开发工具

从网工成为应用开发，要掌握的第一个重点就是开发语言，因为这是在业务功能和业务数据的开发中都需要掌握的"基础工具"。本节重点强调和应用开发相关的几种语言，与平台开发相关的 Java 和 GoLang 等就不再赘述，毕竟平台开发的语言对中台和应用而言应该是绝对的透明。

首先需要通过 YANG、XML，或者 JSON 完成 YANG 的建模，实现基于 Netconf 或者 gRPC 的网络配置建模或者状态建模。

在与设备的交互方面，通过 Python 实现原子模板的编辑、不同厂商型号 CLI 的渲染、数据的结构化处理；在基于数据中台的数据流程开发方面，也需要通过 Python 实现算法模型的引入、训练和简单的可视化。

数据的存储、查询和其他管理同样少不了 SQL 语言的帮助，而各类常用模版也可以通过 Markdown 来定义与维护。

当后端实现了足够的抽象，就可以通过前端的下拉框、录入、拖拽等方式，实现规则、SQL、流程等的可视化编辑。与后端抽象的复杂度类似，前端的复杂度也不可小觑，特别是针对流程引擎的可视化能力。不仅要实现流程组件的灵活编排，还要根据实例的实际运行节点、状态进行准确呈现。

6.3.3　网络 DevOps 应用的开发模式

前文提到的几种形式的应用，开发模式无非就是两类选择：代码编辑模式和可视化编辑模式。

代码编辑模式上以支持 Python 为主，也包括对 SQL、JSON/XML 和 Markdown 等的支持。

通过足够的抽象，网络 DevOps 平台的技术中台可以上升为低代码技术中台，具备拖拽、录入等可视化编辑模式。

至于具体选择代码编辑模式还是可视化编辑模式，更多要考虑当前团队的开发能力。网络 DevOps 平台的目标之一就是降低运营人员的开发成本（这毕竟是大部分运营人员的需求和目的），平台的客户也应该是覆盖尽可能多的运营人员，而不是仅针对少量的会写代码的网工（假设团队的开发能力比例不高）。但考虑到 Python 在 Git 上有一些代码分支、合并等发布管理上的优点，所以笔者建议运营应用开发还是以可视化为主，代码为辅；基础应用开发可以选择"Python+可视化"的均衡模式。当然，如果平台对两种能力同时支持肯定更好。

6.3.4　网络 DevOps 的应用维护与管理

应用开发的工具和模式很重要，但做好网络 DevOps 平台的应用管理更加重要。应用管理的主要目标就是降低后续的维护成本，让应用能够持续地使用和维护下去，最终实现真正的"应用开发效率提升"。

相信很多做自动化运维的企业都遇到过这样一种情况，由于没有顶层规划，上层的应用和底层的模板在空间、目录、分类上没有指引，后续使用者查找不到可以复用的资源，索性只好重新来一遍，造成应用和模板越来越多，而以往的应用或者模版被重复使用的比率越来越低，最终造成应用难以维护。

因此，不管是基础应用还是运营应用，都要提前做好分层的规划等管理工作。下面将给出一些关于网络 DevOps 应用在维护与管理方面的建议，但在具体操作上，大家可以结合自身实际情况，或者业务与开发讨论后确定。

1. 目录管理

（1）基础应用

基础应用主要包括命令模版/功能模版、规则、数据、模版以及函数。顶层目录可以按照如图 6-8 所示的格式划分。

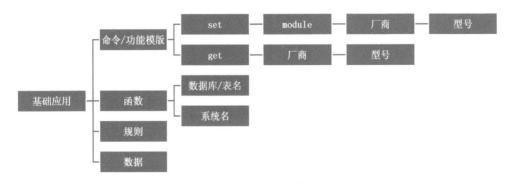

图 6-8　基础应用包含的内容

1）命令/功能模版。命令/功能模版的目录区分命令类型（get 还是 set），区分命令的协议范畴（基本、ACL、BGP 等），区分厂商、型号与版本，区分具体的命令。这些层级可以通过目录来定义和管理，也可以通过类和函数来区分。

2）规则/数据/模版。这三类可以通过前端录入或者编辑的基础应用，由前端编辑触发后端按规则生成的基础应用编号，具体可以分别在不同的顶级目录下管理。

3）函数。用于实现当前一些系统或者数据的调用，需要用代码实现，需要单独一个顶级目录管理。

4）YANG 结构化管理。如果你的团队是从 0 开始的自动化建设，没有一些基础应用的积累或者说历史包袱，那我们建议可以直接采用基于 OpenConfig 的 YANG 模型的树形结构，这样每一个节点都能有对应的原始模板、解析模板及结构化数据。在这其中，有几个关键的能力是必须具备的。

- YANG 模型的管理能力：即定义树节点，包括节点的建立、编辑、绑定、查询等。
- 解析模板的管理能力：根据 YANG 模型，对原始模板进行解析。
- 结构化数据的管理能力：主要指结构化数据的存储、查看，调用等。

同时还要强调一点，OpenConfig 发展了这么多年，其实并没有形成一棵成熟的、稳定的模型树。在实际工作中，大家应结合自身的需要进行增加或者裁剪，不要过于追求完美或者标准化。

（2）运营应用

运营应用本身也有层级的，图 6-9 所示的这种结构给大家提供一种参考。

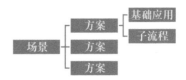

图 6-9　运营应用包含的内容

其中，场景是网络运营生命周期中的某一类应用的聚合，具备高度相似的处理流程、节点和要素。

方案是场景的子集，在主干一致的基础上存在部分的差异，如入参、出参的不同（最大的差异可能在其引用的自动化子流程上）等，方案一般由可以自动化执行的一系列操作节点（功能模板/原子模板）组成。

子流程是方案的一部分，一般处于一个完整的方案主流程中，只是存在差异的自动化操作处理等。

2. 应用存储

所有的基础应用都需要遵循开发迭代的管理，因而也都会有版本、合并这些需求。建议在本公司的 Git 目录中开辟一个空间来存储基础应用的脚本，以充分利用 Git 一些可共享、版本管理、分支及合并的一些既有能力。

至于运营应用的存储，还是以在平台存储为主，同时也需要有版本的控制，并具备版本回滚的能力。

3. 辅助手段

为了实现对应用的辅助管理，还可以采取以下这些方式。

（1）项目空间

项目空间引入的必要性来自两方面。

一方面，有的客户希望能够直接使用一些没有太多个性化业务逻辑的、成熟且稳定的原子模板，类似于一些免费的通用资源。

另一方面，有的客户希望自己的独有业务逻辑的操作单元或者方案对于其他客户都不可见，更无法进行使用甚至复制或者修改。

因为项目空间是一个相对隔离的逻辑空间，可以实现不同工作组织之间的资源、开发隔离；每个空间的管理对象、配置的方案、场景、流程等，都与其他空间逻辑隔离，而在授权情况下又可以跨项目空间拷贝，具有相当高的灵活性。同时，还可以定义公共空间，凡属于公共空间的原子模板或者其他基础资源，都可以直接复制、复用，类似于云上的一些免费公共镜像资源。

所以，项目空间的引入，既保证了复用，也确保了安全隔离。

（2）分类和打标

流程是自动化方案加上其他一些人工、外部交互等节点构成的，人工、通知发布（像我们前面分析出来的业务中台的能力）、实时计算、数据分析，都可以分类成不同的应用，以便于编排时快速查找定位；而自动化也可以进行二级分类，像 get 和 set 的区分，路由和接口的区分等。这里只是举例，实际中可以根据自己的需要来进行分级和分类。

同时，也可以通过打标签来识别一些特殊的应用或者模板，比如对某些应用打上标签，使其在空间允许授权时仍处于被保护状态，对某些从公共空间拷贝过来的原子模板打上标签标记其进行过个性化修改。

4. 机制的约束

在传统的项目式开发中，我们会经常遇到这样的情况：一个项目或者一个模块由一到两个人开发及维护，由于缺少规范的代码注释描述，或者在开发中叠加了太多补充功能，造成代码逻辑与最初设计相差太大，以及由于缺少相关开发与维护文档，造成代码的维护不可持续，一旦开发人员离职或者工作变动，最终项目或模块只能从头开始进行重构。

对于网络 DevOps 平台上的应用开发，这个问题可能更加严重。因为网工们大都不是专业的开发人员，没有研发管理的经验，如果不在一开始就通过相应的规范来约束的话，其不可维护的问题必将非常严重。在某些公司，最原子的模板+功能性的函数，加起来有 8000 多个，而每个星期统计下来实际能被用到的不到 300。这就是一个管理失控的典型场景，作为一个应用开发者，想从 8000 多个模板和函数之中找到所需要的，然后再去对其进行编排，是一件非常令人抓狂的事情，还不如从头开发来得快。

所以应用开发的管理机制，对于网络 DevOps 平台的落地极为关键，其具体涉及以下几个部分。

(1) 代码的规范

记得前面说过的那个三千多行的脚本吗？虽然不是指原子的脚本，但实现一个基本的功能单元需要这么复杂的代码，其中肯定多多少少存在不规范的情况；而且现实生产中，也会出现同一个运营大团队下，不同的小组存在不同的代码规范，由于所有小组的规范都是彼此独立、互不兼容的，基本也就没有可以复用的可能。

所以说不管是 DevOps 还是网络 DevOps，它首先是一种文化，需要从意识、组织、人员、机制方面全方位保障，代码规范只是其中的约束机制的很小一部分。而且，这个机制是要在整个企业领域中（在文中指整个网络团队），横向包括所有价值链环节，纵向包括所有业务域领域，都必须统一遵守和认可的。

至少，我们要在以下几个方面严格约束代码规范。

- 代码的基本规范，包括缩进、大小写等最基本的代码格式。
- 方法、函数、类的范围和定义，比如用什么形式来实现不同厂商和型号的差异。
- 模板、函数的命名规范。
- 详细的注释规范要求。

(2) 开发的发布管理

不强调敏捷开发的持续集成是不行的。很多平台研发团队都有很严格的发布周期，每周或者每两周发布一次，发布是非常重要的事情。

运营应用相对独立，每个应用只影响对应的场景，也不存在对其他场景方案的影响。但基础应用就不一样了，一个模板可能被几十个函数所调用，一个函数又有可能被数十个场景或者方案所引用，一次迭代或者发布出问题，搞不好会造成一堆运营应用不可用。

所以应用的开发管理也应该有自己的一套机制约束。

- 基础应用的修改，在代码层面建议采用交叉评审，每两人结对开发，互相审核。
- 平台层应该具备基础应用的调用情况统计，类似于 RPC 调用统计，每次修改后自动触发相关运营应用的通知提醒，提醒运营应用负责人关注；同时平台具备相关自动化测试能力，每次修改后自动触发相关调用接口的测试。

- 运营应用的修改，要有严格的评审机制，将流程内嵌到平台中，修改即触发评审、测试（如果有自动化测试更佳）、发布。
- 如同前一节提到的，前端编排的流程对应后台 Git 目录，自动触发分支，评审测试后方允许合并发布。

6.4 测试交付：保障平台可用性的测试与质量控制

应用开发完成后，就到了测试交付环节。

老 M 问小 P：你们以往是怎么做测试验收交付的？

小 P 回答道：我们属于内部客户使用的运营平台。测试在那些以客户体验和感知为第一要务的 toC 平台中一直极为重要，但对我们这种追求快速上线的后端运营平台中往往不那么受关注，所以我们基本都是边上线边测试，边测试边用，边测试边修改。

老 M 笑着说：以后这种思路得改改了！在网络 DevOps 的实施过程中，测试是一个不可被忽视的重要因素，能够保障平台真正成为"可用"与"好用"的工具，而不是一个摆设。而且我也了解了下你们网络 DevOps 平台的特点，测试应该和那种单体式系统有不同的要求，或者说更为重要。

6.4.1 网络 DevOps 平台的测试重要性

如果在以往的项目式系统建设中，我们还没有那么重视测试，那么到了网络 DevOps 阶段，就必须在整个团队中，建立起包括网工和研发等各个岗位在内的主动测试和内控质量的机制，并形成氛围。

图 6-10 所示是业界推荐的椭圆形测试模型，以中间层的 API 接口测试为主，以单元测试和用户界面测试为辅。因为综合考虑投入产出比和上手难度的话，位于中间层的接口测试相对而言是最好的选择。一方面，现代软件架构无论是分层还是服务调用模式，对接口的依赖程度都大大增加，比如典型的前后端分离的开发模式，前后端基本都是在围绕着接口进行开发联调。另一方面，与单元测试相比，接口测试调用的业务逻辑更加完整，并且具备清晰的接口定义，适合采用自动化的方式执行。对于网络 DevOps 平台的平台层和应用层来说，

接口同样也是各个层面都必须关心的部分。

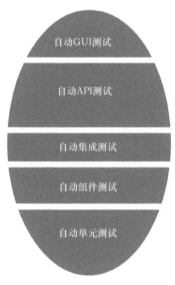

图 6-10　椭圆形测试模型

6.4.2　网络 DevOps 平台层关注的测试重点

平台层关注的依然是单元测试、回归测试这些常规的开发测试，作为一个企业级的平台，自然要将一些自动化的测试能力搭建起来。对于接口，平台层应该关注一些通用能力的接口测试，如调用微信、电话这些发送通知通告的能力。

平台层还要重点关注的是与设备的交互，包括采集和配置通道等。对于这类兼容性测试，不仅要在新协议或新技术部署时进行，更要作为一个常态化的日常工作。而这个工作中最困扰我们的就是测试环境的准备。如果采用物理实验室，所有型号+版本，成本和机房资源消耗都比较高；如果采用模拟器，又很难模拟到所有的最新版本，模拟器版本和真实 OS 版本的一些 Feature 也会存在差异。不过这里笔者倒是有两个解决建议。

- 不求型号、版本等覆盖面的 100%，覆盖到厂商层面即可。
- 采用远程方式，建立平台与厂商自身实验室的远程 VPN 通道。毕竟我们测试的只是基本能力，不包含业务逻辑，不带业务数据，不会存在较大风险。

6.4.3　网络 DevOps 应用层关注的测试重点

网络 DevOps 应用层关注的测试重点如下。

1）基础应用的代码缺陷和代码规范。这里可以考虑用一些 Infer 扫描或者其他开源工具，但还是要强调将这些工具能力集成到平台上。

2）基础应用的可执行性。这里主要检验基础应用的代码逻辑性是否合理，只要物理实验环境中的某一个型号设备验证过就可以，不必遍历所有设备，因为设备型号的差别也只是其中的方法或者类的区别而已。

3）运营应用的端到端测试。如果没有平台能力的支撑，可能让应用开发者最头疼的就是这部分测试了，只能用 Postman 或者是 JMeter 一个一个接口的测试，但如果有了平台的支撑，就可以实现接口的编排和数据的模拟，这样才真正可能实现端到端的业务逻辑检验。

4）前端测试。作为 toB 的 Web 端应用，现在有很多成熟的框架可以实现应用程序在 Web 端的正常运行，我们也可以在操作层获取空间和控件本身的定位方法，进行解耦，来解决 UI 控件变化后的用例维护成本问题。

以上说的这些，如果需要应用开发者在每次应用部署前都临时搭建，那只能说这个平台还不具备一个真正的中台的能力。对网络 DevOps 平台而言，需要将测试能力作为平台的一个基本服务和平台治理的基础件，提供灵活的调用接口的编排，以及内建的模拟服务，并具备测试数据、用例、脚本的管理。只有这样，测试过程中数据的收集、度量、分析和展示才能真正服务于上层的应用开发，也才能从另外一个角度真正实现了开发与运营的协同。

不管是平台层还是应用层，所有测试结果都应该在平台上具备输出、查询、记录的能力，以形成一个完整的开发工程闭环。

因为在网络 DevOps 中角色的一些变化，传统的网工将参与到平台尤其是应用的测试之中，所以平台应该在基础能力上考虑自动化测试的支持和闭环能力。鉴于网工对测试案例的开发能力可能相对欠缺，也可以在测试过程中采取 BDD 框架（Behavior Driven Development，行为驱动开发是一种敏捷软件开发的技术，它鼓励软件项目中的开发者、QA 和非技术人员或商业参与者之间的协作），这样网工（应用开发）就可以通过自然语言编写的领域特定语言（Domain Specific Language，DSL），用自己习惯的方式完成相关的测试用例编写，再由开发人员去实现相关的测试。

6.4.4　网络 DevOps 平台的质量控制

高质量的产品源于高质量的产品设计与开发，质量控制必须贯穿在网络 DevOps 平台的全生命周期中。测试固然是做好质量控制的有效方式，在做好各类可用性测试的同时，还需要把握质量控制点和掌握必要的质量控制方法。

（1）建立能发现并解决问题的遥测能力

遥测被广泛定义为"一个自动化的通信过程，现在远程采集点上收集质量数据，然后传输给与之对应的接收端用于监控"，其目标就是在应用及其环境中建立遥测能力。

那么网络 DevOps 平台的遥测能力又如何构建呢？

要点主要有两个，一是要构建在业务逻辑、应用程序和环境层次收集数据的能力，即在每一层中，建立以事件、日志和指标为对象的监控，通俗地讲，就是在各个层面中"埋点（质量控制点）"；二是要构建负责存储和转发事件与指标的事件路由能力，即能够支持监控可视化、趋势分析、告警、异常检测等，也就是说，实现了"埋点"后，还必须具备"报告（质量好坏）"能力。

（2）建立评审和协作机制

建立评审和协作机制的核心目的就是为了提升工作质量，关于如何建立这个机制、如何评审、如何协作等，这里强调两点。

一是要特别关注这个机制的运行，是否有效降低了开发和运维人员在生产环境中进行部署、交付、发布等变更操作的风险。

二是要特别关注"过度控制"的潜在风险，特别是评审与协作机制中"过度评估""多重授权"的问题。最了解问题的人通常是离问题最近的人，实际开展工作的人和决定是否做这项工作的人的距离越远，审批与协作的结果就越差。

6.5　平台治理：持续维护平台的易用性

测试工作已经安排部署下去了，很快就要进入灰度运行阶段了。这一天，围绕着平台治理这个要素，小 P 和项目经理老 M 又展开了讨论。

项目经理问小 P：作为一个网工，你最害怕平台出现什么问题？

小 P 一下想起了以往的惨痛经历：最怕平台是黑盒子！出了什么问题我们什么原因都不知道，什么时候能恢复也不知道，更不知道有什么办法可以快速地排查了！除了等研发人员排查，我们只能干着急。

项目经理又问他，如果你是应用开发，你希望平台是什么样子的？

小 P 仔细地思考了一会，回答道：首先，我需要可视化，要知道哪里出现了问题；其次，我希望可控，我开发的应用我能做主；然后，我希望可优化，性能上的数据能统计和不断提升；最后，我希望可溯源，所有人的所有操作都能被记录和审计。

老 M 说：对！这就是我们现在在一些商用的云产品中强调的平台治理。咱们这个虽然是一个对内运营平台，但既然引入了 DevOps 的理念，平台治理也同样重要。

或许是做 toB 产品特别是做对内部服务的团队的通病，对于平台治理能力，要么不想做，要么放到最后才做，总觉得这部分功能，最好用户不需要、不知道、不接触，最后即便做了，也只是面向研发，而业务，即运营人员依旧是不明所以。

站在平台研发团队的角度去看，好像可以理解，毕竟按以往的流程，平台上任何应用的异常，最终都会由平台研发负责排查和恢复，具体原因用户也不那么关注，只要最后可用了就行。可在网络 DevOps 平台，网工除了在平台上使用以外，还要负责开发应用，开展测试、故障排查等一系列工作，并且要对实例运行进行监控，换句话说，网工要对开发的应用负责。所以平台必须要与这种开发模式配套，提供一系列的开放、透明的能力，将应用及实例运行的情况开放出来，并提供排查、诊断和修复的手段。

如果想要一个平台真正能够好用且能够持续运营下去，不想再面对被应用开发者怨声载道的窘况，平台治理是重中之重。

下面，就从平台基础监控、任务实例控制、微服务间调用以及日志保存与分析等几个方面一探究竟。

6.5.1　平台基础监控

平台基础监控与具体应用无关，而与平台的整体运营相关，是一个全局的监控需求。根据运营与开发协同的考虑，也可以纳入传统的网络监控和巡检中来整体闭环。

1. 平台的物理部署情况

在以往的项目式平台中，平台的架构和部署，也只是存在开发人员的 PPT 或者 Excel 表格中。控制器有多少台服务器，部署在哪些机房哪台设备下；探测机或者 Agent 有多少台，部署在哪些机房哪台设备下，各自运行了什么进程；依赖的数据库分布在哪些集群哪些库，其他依赖的中间件是怎么分布的，如此种种，估计除了具体负责研发的那个人，其他人恐怕一概不知。

将这些信息沉淀和呈现出来非常必要，一个直观的好处就是在网络本身甚至基础设施进行优化调整或者出现故障的时候，可以很清晰地了解对管控平台的影响，准确评估是否会产生管控的中断。从平台自身来说，了解基础设施的分布，实现对新增能力的复用部署，也能够提高底层资源的资源利用率。

2. 基础资源的监控

这里强调的是对平台层主机层面的监控。平台的很多能力，像控制器、采集、探测，还不能完全部署到虚机或者容器之上（当然各公司实际情况有差距）。服务器 CPU 利用率过高，或者硬件损坏，这种简单的故障依然会影响平台运行。与其在异常的时候去逐步排查，不如将这些重要的服务器纳入平台的主动监控范围。

当将平台和中台层部署在容器云上时，容器的监控和调度主体会是相应的容器云平台，但大部分的容器云平台都能够将租户租用容器的一些常规监控信息通过接口提供出来，因此网络 DevOps 平台可以直接消费自己的相关数据。

3. 平台基础能力运行情况

（1）Agent 层面任务的分配及执行情况

主要是指与设备交互层面的采集和下发 Agent，覆盖哪些设备的任务，主备备份的情况如何，当前任务的执行情况如何，是否有阻塞。这些信息不但能帮助我们定位故障，还能在规划时更好地复用这部分能力，避免造成各种 Agent 独立部署的情况。

（2）控制器的任务分配及执行情况

这部分重点关注全局任务，包括控制器的主备或者负载分担任务分配情况；也包括全局任务是否有排队情况，整体的任务执行成功情况、重试情况，以及具体原因分布等。

监控的目的是为了尽快地处理和提升能力，所以如果出现了之前没有定义过的原因，一定要及时补充到监控和识别中。同时对发现的问题要进行及时处理和调整。如果设备登录冲突并造成任务失败，就要开展对任务优先级、重试策略等分析并进行优化，否则监控就失去了其存在的意义。

6.5.2　任务实例控制

任务实例控制是针对应用的管控能力，这也是为应用开发者所提供的必需能力。

1. 任务的执行情况

曾经看到过一个上线好几个月的平台，一个应用的实例启动后，从第一天等到第二天，状态一直是运行中，到底是执行成功了，还是某个环节卡死了，或是已经判断失败了，系统没有任何反馈和提示，最后只能由平台研发从后台检查并处理，然后又花了半天时间才确认是执行失败挂起了。

这是一个非常典型的案例，在关键的能力缺失的情况下，就上线运行并承载业务，风险很大。网络 DevOps 的这种"应用+实例"的开发运行模式，针对每个启动后的实例，能够让启动它的用户能看到清晰的执行过程可以说是一个基础和必需的能力，与编排时的环节相对应，当前执行在哪个环节，每个环节的执行结果和输出参数，执行异常的详细错误码和原因，这些信息都不可缺失。

不要着急将功能性的能力交付，对于一个中台而言，缺乏配套的应用监控能力，还不如不交付。否则造成线上故障，会得不偿失。自动化能力越强，风险越大。

2. 任务的控制能力

任务的控制能力是指拥有权限的用户能对运行的实例进行暂停、停止、重试、回退等操作。这也是运营平台的基本能力。但建议不要仅停留在实例级别，对于每个环节，像功能函数，也能够单独地执行重启、暂停等操作。

6.5.3　微服务间调用

在介绍应用管理时就强调过，平台要具备统计基础应用调用与被调用的获取和统计能力，这样就能避免基础应用迭代发布带来的连锁影响，也能获取基础应用的利用率指标，从而优化和减少无效应用。

除此之外，类似于微服务的管理，所有基础应用调用的时延、QPS 等信息也要纳入监控中，这对于优化基础应用本身逻辑、调用路径、分布部署、平台性能等都有参考作用。

6.5.4　日志保存与分析

日志的种类太多了，涉及的面也比较广，比如平台级的监控告警日志、平台的变更发布日志、应用的开发变更日志、应用的调用/执行日志等。

不少研发人员不喜欢做日志，不喜欢版本管理，如果用户实在有需求，就做一些应用方面的变更日志。而且即便有日志，不同人开发的不同系统的各类日志也是完完全全地分散和独立的，别说通过一些关键字关联了，就连使用的技术和存储手段都不统一。但不管作为平台治理的一个关键手段：在发现异常定位时我们需要足够的日志信息来判断分析，还是以后大数据分析的一个重要方面：分析操作与表现之间的关系，都建议在平台治理工作中，充分考虑日志的采集与集中相融合。

　　首先，平台和应用都要有日志，其次，在技术框架和存储上要尽量统一起来，最后需要通过数据中台的数据地图能力能搜索、能接入，从而让所有的应用开发者，都能充分利用这些日志开展日常运维和数据分析工作。

6.6　安全运营：做好平台安全性的权限管理

　　试运行除了对平台治理的能力提出要求，老 M 还要小 P 分析下平台的安全隐患在哪些方面，小 P 仔细思考了下：

　　我们是一个对内的运营平台，外部攻击的风险应该不大；平台部署上的安全性，在技术架构上应该也有所考虑；我觉得目前最大的风险在权限管理上，要是有没权限的人执行了高风险的操作，可能会带来灾难性的问题。

　　老 M 满意地点点头。

6.6.1　如何确定应用场景对权限的细分需求

　　网络 DevOps 是"平台+应用"模式，平台与应用是解耦的。相较于以往那些系统针对模块的使用权限设计，网络 DevOps 平台与之的差别主要体现在应用和数据上。

　　具体可以分为以下层次的需求。

- 基础应用：开发（含修改）和调用、执行权限（含运行、停止等控制操作）；复制权限。
- 运营应用：开发（含修改）和执行权限；可以允许其他用户复制到其项目空间或直接复制的权限。
- 平台：平台各模块的使用权限、平台治理能力的开放权限。
- 数据：数据中台上相关库/表的查看、接入（以进行下一步的数据处理）权限。
- 项目空间：根据业务领域或者团队分工划分，减少空间内的应用数量，也可以授权跨空间的应用复制和使用能力。

以下举几个例子，这样大家可以形成更加直观的认识。

- 例子 1：小 A 负责基础应用模板的开发，这些模板可以允许被所有其他人员开发的功能函数或者场景方案所调用和执行，但不能被编辑修改。

- 例子 2：小 A 开发的应用模板可以被其他场景方案所调用，但某些权限的人员不能对其有执行权限，比如外包人员，只能执行整个场景方案中的部分环节。
- 例子 3：甲团队项目空间内的功能函数需要被 B 团队的场景方案调用，因此需要授权给 B 团队。
- 例子 4：从平台治理的角度，需要将平台治理相关的监控数据开放给网络运营小组的同学，作为其日常监控的一部分。

通过命名空间的定义、管理和授权，就能够实现以上这些灵活的跨团队管理需求。

6.6.2　如何设定应用的执行权限

网络 DevOps 平台的权限管理难点主要在各种应用的执行权限上，所以建议可以考虑以下几点。

- 用户+权限的方式肯定已经不适用了，可以改成用户（或者用户组）+角色，然后再为角色授权的方式。
- 权限的划分越细越好，比如一个基础应用的编辑、执行和调用权限就应该拆分开。
- 权限的设计越早越好，我们已经介绍过角色的一些变化，建议在平台层开始开发设计的同时，就启动角色和权限的设计。
- 因为是运营平台，所以需要对平台权限和设备操作权限做统筹考虑。比如命令级的授权，以往我们可以通过 AAA 来控制，那当命令封装在指令模板里头，特别是 Netconf 阶段，CLI 命令已经是一堆 XML 代码，是继续由 AAA 服务器来控制，还是由平台通过应用来控制，必须要提前设计好。
- 项目空间。这其实在当前云产品的属性中更常见。虽然对我们而言并不是一个必需品，但其既可隔离又可分享的能力，还是值得我们参考和学习的。所以建议在网络 DevOps 平台开发和权限设计时，有能力的情况下，可以做一些积极的尝试。

最后还是要强调一下与权限对应的日志问题。日志在平台治理部分已经有所提及，在这里单独拿出来说，这是因为在运营平台建立以后，通常的做法是给平台分配一个通用功能账号：一些做得好的团队会把登录平台的个人账号与其在平台的操作完整地记录和控制，结合平台账号能很精确地做到溯源；有些却只在 AAA 日志平台中只记录触发和执行自动化操作的平台账号，平台侧不对具体的操作人进行记录和控制，这在发生操作引起的异常时是很危险的。

6.7　成效评估：衡量平台成果的度量标准

试运行的两个关键要求即平台治理和安全运营的两个要求梳理完，老 M 要小 P 尽快把平台的指标确定一下，小 P 有点不理解了："这个着什么急啊，我们以往都是到先用一段日子，到快验收的时候再来制定。"

"为什么呢？"老 M 问道。

"因为到了一定阶段，就知道平台到底能力如何，定出来的指标就不会差得太远，也更能贴近于我们做了些什么，所以我们都是在要汇报或者展示之前才确定。不然万一达不到指标，有可能影响 KPI，相当于前面全部白忙活了。"

老 M 哈哈大笑："这么想可以理解，但是咱们这么大一个中台+应用的项目，周期也比较长，尽早制定衡量指标，反而能帮助我们不断地监测、反馈和纠正路线、做法，保证走在正确的路线上，才能避免走偏、甚至项目的半途而废。"

6.7.1　为什么要在启动时就制定度量标准

网络 DevOps 平台是一个面向网络运营的管控平台，一方面，那些产品的点击率、购买率等 toC 平台常用的指标，对一个运营平台而言很难适用：一个模块，即便是一周内没有人点击，与其是否能够为自动化提供能力，或者在关键的异常发生时能起到作用，可以说关系不大（可能反倒是运营平台很稳定的一个体现）；而另一方面，衡量传统运营平台的那些指标也不能完全体现网络 DevOps 的价值和特性，像平台可用性这类指标当然是需要的，但似乎还不能完全体现建设网络 DevOps 平台的目标和初心，也难以体现出其和传统运营的平台的差异性。

网络 DevOps 平台的度量标准，需要在项目启动及设计的初期同步制定，这么做有如下几个好处。

- 匹配远景。项目初期应该是团队对网络 DevOps 的价值和愿景最明确的阶段，这个阶段定义的度量指标，与愿景的匹配度也是最高的。
- 厘清关系。不同于传统的运营平台，网络 DevOps 平台要为运营应用的快速落地和运行提供承载，特别是快速落地。如果前期不定义好相关指标，后续难免出现平台侧和应用侧在一些性能指标上的争议。

- 体现价值。便于向业务团队和运营团队描述平台的价值，尽快地将典型应用部署在平台上，体现平台的价值。从另外一个角度看，要做好平台，我们必须要持续获得公司特别是管理层的各类支持，因此也需要不断在中间过程中持续体现出量化的效果和价值。

- 保持方向。在平台的建设开发过程中，难免因为一些紧急需求的出现或者领导者思路的变化，出现偏离目标的情况（这个出现的概率会很高），借助提前制定的度量指标，可以很容易让我们发现这些偏离，从而保持持续稳定的资源投入。

6.7.2 度量指标的参考模型

那么，如何衡量网络 DevOps 平台价值？前面说过，网络 DevOps 平台不是前台，也不是 APP 产品，因此用户购买率、市场占有率等传统的评价指标并不适用。在这里提供一种思路，即**通过类似 5How 这样的方法来驱动验证指标的设计**。

1）怎么判断网络 DevOps 的建设成果？

回答：能否提升网络运营的效率和质量，同时降低网络承载的业务的成本（这三点即网络运营的战略）。

2）怎么验证网络运营的战略落地效果？

回答：网络运营对业务承诺的相关 SLA 能否快速实现和提升。

3）怎么快速实现和提升相关 SLA？

回答：通过可视化、系统化、自动化和智能化的运营流程，不断优化和迭代辅助运营工作的开展。

4）如何保证运营流程不断快速优化和迭代？

回答：通过提升网络运营系统支撑能力的研发效率和研发质量。

5）如何提升研发效率和研发质量？

回答：在可复用的中台能力上，支持前台用户的应用自定义开发和管理。

具体而言，从运营平台、中台、网络 DevOps 的几个角度的要求综合考量，可以将度量分为三个层次，即平台层和应用层和服务层，如图 6-11 所示。

其中：

- 平台层关注衡量其作为一个传统运营平台的基础运营指标，如可用性，以及其作为微服务部署、

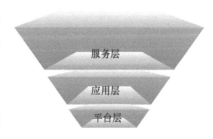

图 6-11　网络 DevOps 的度量层次

DevOps 持续发布与持续集成的能力。

- 应用层关注 DevOps 带来的应用快速落地和管理能力，也就是其带给应用开发者的收益，同时也考验应用开发者在管理上的规范性。
- 服务层则关注最终给业务带来的价值。

根据这三个层次及其关注点的不同，我们可以将网络 DevOps 平台的度量标准设计成如表格 6-1 所示的形式。

表 6-1　网络 DevOps 平台的度量标准

服务层	网络 SLA（如网络可用性、网络事件处理效率，具体根据各公司实际生产情况制定）
应用层	应用接入周期、应用场景覆盖率、基础应用有效率、数据完整率、数据准确率、代码规范率等
平台层	平台可用性、设备覆盖率、实例成功率、交互效率、任务失败率、数据接入率、微服务调用时效、应用发布/变更时效等

此外，关于如何做好衡量，在度量指标的制定或者实施中，以下几点也非常重要。

（1）度量指标的计算方式

除了确定指标以外，也必须明确参考值和计算方式的。从业界以往的情况来看，当前大部分平台一般在运行至少一年甚至两年后，才开始考虑指标问题，然后这个时候制定的参考值和计算方式，往往会按照运行这段时间的落地和推行情况去反推，这样得出的"好看"的指标计算方式和参考值，对生产效能和质量的提升并没有任何实际价值。

所以建议在设计开始阶段，就同时将指标的计算方式与参考值一起确定。参考值不是一旦确定就不可修改的，可以在实际运行中调整；在起始阶段根据计算公式可以梳理出可能遇到的困难，理清楚影响因素，制定应该采取的举措，努力去实现目标。这远比根据现状推演一个好看的指标带给我们的价值大得多。

而且数据中台提到的数据规范性中，OneData 也要求对指标的统计口径和统计公式做出团队统一的标准。

（2）埋点能力的规划和设计

提前确定指标的计算方法，有助于我们随着平台的设计同步设计埋点和采集方案，避免后续再考虑时引入的服务器部署、网络调整等一系列问题。例如，如果采集数据可能受到机房断网等因素影响，就要提前考虑双机房或者双城部署；如果埋点数据要依赖一些其他能力如 AAA 来提供，就要提前考虑好日志的存储以及如何对接等问题。

　　总之，度量一定不要放到平台投入生产之后再来制定，提前设计指标、参考值到计算方式，有助于后续针对性举措的制定，更有利于指标的提升，从而真正实现开发质量和开发效率的提升。

　　网络 DevOps 平台的实施七要素，对小 P 而言真的是一个全新的领域和课题。以往翻了翻项目管理的书，以为项目管理就开开会、协调下干系人、画个甘特图、推动解决一些问题就可以了，没想到一个新兴事物的实际落地，会有这么多体系化的问题要去思考，这么多复杂的事情要去做。

　　就这样，平台与应用的开发、测试、上线和部署，在各层领导的支持和不同岗位的大力配合之下，一项一项有条不紊地推进着。一年半以后，小 P 他们不但在网络 DevOps 平台上实现了 60% 以上的运营场景管理，网工中具备代码编写能力的比例也上升到了 50%，网工和平台研发的合作也越来越默契。

第 7 章
网络 DevOps 平台的
实施建议

听说小 P 所在的公司已经探索出了一条网络 DevOps 的进阶之路，很多其他公司的业界同仁很感兴趣，想请他们做一些指导。

小 P 叫上项目组成员一起讨论后，结合自己的实践，整理出了网络 DevOps 平台的实施建议：

不同公司的背景、组织架构差异很大，我们的经验和做法应该无法直接复制使用。但是可以从多个维度分析我们的实践，从而得出一些有价值的建议。

我觉得可以从当前公司的管理能力的水平，和公司性质这两个方面来分析如何实施网络 DevOps 平台。

7.1　网络 DevOps 实施的常见问题

看过了前面的架构设计和落地要素，很多朋友还是会有以下困惑。

现在业界到底哪些公司真正实现了网络 DevOps？可否能让我们快速地复制或者学习经验？

我们公司已经有一些零散的平台和工具了，还有必要再搭建一个网络 DevOps 平台吗？

我们不是互联网公司，而是传统企业，我们有必要建设自己的网络 DevOps 平台吗？如何建呢？

我们公司规模较小，自建一个通用平台的投入会不会太大，还有其他的路径可以参考吗？

由于不同公司发展的背景和历程不同，网络管理能力建设所处的阶段和历史发展情况各有差异，内部网络团队的情况包括人员结构、人员规模、能力水平等也参差不齐，因此，无论从公司层面，还是公司内的网络团队层面，面向网络 DevOps 所选择的路线也应针对性地思考和选择。

总体来看，之前介绍的 7 个实施关键因素，可以作为衡量一个企业网络 DevOps 能力的标准模型。而用这个模型来衡量，业界当前还没有任何一家公司真正实现了网络 DevOps（个人观点），总结下来，情况大致分为以下几类。

1）由于历史的原因，自动化系统按业务域甚至子域建设。各个自动化系统（平台）中有部分网络 DevOps 的思路，但不同系统间的实现水平参差不齐；本可以共享的能力在每个系统（平台）上独立建设，数据更是不统一；少量的场景优化和迭代由运营负责，绝大多数场景和能力依然是由平台研发人员负责。

2）在运营团队内成立了专门的研发团队，这部分研发人员了解部分网络和运营知识，基本负责了所有场景和方案的编排，用编写后端代码的方式逐一开发出来。

3）起步较晚，并以网络 DevOps 为目标去规划和发展。但由于团队刚起步，有很多基础能力需要建设和补强，因此初期以满足运营的需求为第一要事，但往往对技术架构和方案缺乏把控，越来越多的场景用传统项目方式实现，本应该共享的能力在各项目中被各自实现，单单是控制层面就造了一堆不同控制器。逐渐地，原计划支持网络 DevOps 平台能力的资源也逐渐被其他项目开发所占用，网络 Devops 越来越不可及。

4）公司要做 DevOps，那就先把相关能力建起来再说。于是从下往上地搭建业务中台、数据中台、AI 中台、技术中台；具体的业务场景想了几个，还没想全；等到后期有真正的场景需求时，由于没有从业务开始的梳理和推导，场景落地大多出现了中台能力上的差距，只能逐个场景逐个需求地开发。

究其原因，主要有下述几种。

一是历史原因，因为现有平台已经形成了一定的规模，不想再对其做改造。

二是仅从字面意思理解网络 DevOps，认为开发做运营或者运营做开发。

三是没有找到做中台的正确途径，没有在中台建设的长期战略目标和满足业务需求的短期战术目标中找到平衡。

四是从技术架构直接入手，不考虑业务架构。

五是缺乏足够的协同和视角，只从单个或者有限的领域来做中台。

应该说，网络 DevOps 的落地，没有现成的作业可抄，与其照搬其他公司的经验和做法，不如结合自身实际，下定决心，明确目标，扎扎实实去做。建议分四步走。

第一步，明确自己所在公司或者团队做网络 DevOps 的真实愿景。

第二步，评估当前人员、机制与能力模型的真实水平。

第三步，评估自己团队网络管理平台的现状，明确自己团队（或者公司）的特点、需求。

第四步，设计符合自己公司特点的"平台+应用"，落实关键要素——最终实现网络 DevOps 平台的落地。

7.2　对不同类型网络团队的建议

根据拥有的网络管控能力的不同，当前行业内各企业的网络团队情况主要有三类：没有管控平台、已有分散平台、已有传统网管，如图 7-1 所示。以下将分别阐述这三类情况下的网络团队如何基于现状实现网络 DevOps 平台，当然，前提必须是该企业已经明确了做网络 DevOps 平台的方向和目标。

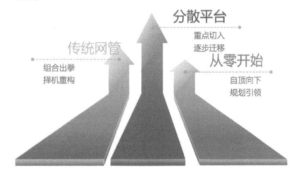

图 7-1　网络管控能力不同的团队实现网络 DevOps 平台的路线

7.2.1　没有管控平台：自顶向下，规划引领

1. 现状

如果为处于这个阶段的网络团队做个画像，应该是下面这个样子。

- 管控平台未开始或者刚启动建设不久，运行时间在一年以内。
- 除了监控以外（因为大部分的管控平台都是先从监控能力入手），自动化的场景覆盖不超过 3 个。

- 运营团队人员在 10~20 人左右，部分可能还不到 10 人。
- 平台研发团队在 10 人以下规模。

2. 特点

没有管控平台的网络团队可能多存在于新兴创业公司或者处于扩展阶段的互联网公司中，其典型特点如下。

（1）人员

- 运营团队的人员能力基本为全栈型，架构、建设、运维岗位兼任情况较多。
- 运营团队多数人具备开发能力，同时负责网络管控工具，特别是一些小脚本的开发。
- 平台研发团队处于组建阶段，人员按需分工，未从平台横向分层或者纵向分业务的角度进行人员分组。
- 团队比较年轻化，有较强的学习能力。

（2）系统

- 为配合网络的建设落地和日常运维，会通过脚本快速实现一些基本的管控能力，基本能够支撑起步阶段的网络规模。
- 脚本实现的功能相对单一。
- 系统要么采用开源的代码实现，要么直接用简单的脚本实现，没有平台化的概念。
- 系统没有分布式部署，单体系统为主，缺乏安全性、可靠性、扩展性等方面的统筹考虑。
- 以满足最基本的监控需求为主，像控制器之类的建设还未考虑。

3. 建议

对于这种类型的网络团队，建议采用 **"自顶向下，规划引领"** 的方案进行网络 DevOps 平台建设。

因为在团队所处的这个阶段，一些 "烟囱" 往往还没搭建起来，即便有，数量也不会多，数据孤岛的问题不严重，在基础应用、运营应用方面没有历史包袱。即便已有少数工具，重构的沉没成本也不高。因此可以从业务架构的规划和设计开始，通过规划引领平台逐步落地。

（1）平台设计

网络 DevOps 平台的架构设计要运用企业架构规划方法，从业务架构推导出应用架构和技术架构，同时结合 DDD 领域设计方法，用 DDD 建模来设计架构和中台能力。当前敏捷开发已经逐渐成为软件开发的主要模式，而且大家所在的公司正处在建设或者扩展的快速发展阶段，因此，一定会有人提出这种规划设计的过程会不会很长，会不会和敏捷开发所倡导的理念相矛盾，会不会和公司高速发展的节奏相冲突。

有不同意见是正常的。但越是听到这种声音，越要坚定信心。因为只有通过这样一个规划和设计过程，才能实实在在地持续提升管控能力的研发效率和研发质量。

这个过程中形成的共识，可以避免后续项目开展过程中的一系列需求矛盾和互相推诿的问题，有助于提升后续网络 DevOps 平台开发和部署的效率，并避免走回头路。我们可以在过程中引入一些头脑风暴和工作坊的方式，通过采用设计思维、用户故事等一些新的工作方法，改进传统企业架构设计过程烦琐带来的一些问题，同时保持完整架构设计的必要性。

自顶向下还有一个非常大的优点——长期效应好。处于这个阶段的公司，由于前期重点在做网络的建设交付以支撑业务的发展，各个领域的流程并不那么规范，甚至连 SOP 都缺失。因此在系统设计的过程中，先开始业务战略、架构的梳理，意味着能够将日常工作中的流程、操作、交互等都同步规范起来，必然可以促进业务，即运营工作本身持续健康发展。

而且，通过业务、数据、技术三大中台提供的可复用能力和可复用的基础应用，后续运营应用的场景开发和变更必将更加迅捷，而不是每个场景都要从需求开始全流程走一遍。

当然，规划引领，不代表必须将设计出来的业务中台能力和数据中台能力在短时间内全面铺开并完成建设，想在半年内实现规划中的所有场景落地，除非团队拥有数十位"研发+运营"高手，拥有具备架构师和产品经理等关键人员，同时管理层支持，且各方面资源都比较充裕，否则开发周期不会短。毕竟，对于快速发展的公司和网络团队，尽快具备必需和必要的运营能力是前提和基础。

因此，在实际操作中，需要在建设过程中引入精益创业中的 MVP 原则（Minimum Viable Product，最小可用品），在业务需求上采用端到端纵向切分的方式，结合需求优先级的多维度评分排序，最终确定 MVP 的需求范围。同时在这个过程中，也要多找机会参与公司高层出席的各种会议，观察和了解高层关注的问题并与项目建设工作相结合，不仅可以推动最先落地的需求或者场景获得最大化的价值，也能为后续持续获得决策层在资源方面上的支持带来好处。

（2）平台开发

在平台能力的开发上，同样要以所选择的 MVP 需求为切入，先打通主流程。对于涉及的分支能力、数据能力，可以暂时用人工方式补充，后期再逐步完善。不用刻意追求一个完整业务全流程的一次性线上化或者自动化。这里要强调一下，打铁要趁热，当前欠缺的能力一定要在随后的二期或者三期项目中尽快地及时规划和补充进去，不要因为着急落地其他场景的需求而形成"后遗症"。否则，很多能力建设最后会不了了之，项目产生残缺品的可能性很大。

（3）人员组织

在设计与建设网络 DevOps 平台的过程中，平台研发在人力等资源分配上一定要提前做好规划，可以考虑将 1/4 的资源投入到网络 DevOps 的架构设计（包括技术架构）和开发准备中，1/4 的资源投入到帮助运营团队进行开发、发布、测试等规范的准备和基础能力储备中，剩下1/2 的资源可以继续投入其他日常需求的开发中。但这里要强调的是，其他日常需求的开发，也一定要与网络 DevOps 的规划设计主线对齐，特别是涉及一些可复用能力的时候，一定要及时合并到主线中来开发，不要各自闭环开发，最后成为多个体系。同时，如果有多个应用的需求在并行开发，应该考虑在每个需求中都覆盖一个主线中的主要能力，最后再合并。

哪怕研发人员数量再少，在队伍建设时也要同步准备好后期做数据中台和智能化所需要的人员。比如在对外招聘或者内部培养时，至少要培养一至两名具有大数据分析与处理技能的人员，否则后续数据中台的搭建将会异常困难。

再有，既然是从零开始，运营团队的人才队伍培养就更加重要，特别是具备潜力的应用开发人才培养。在运营和研发团队都紧张的情况下，如果确实很难有专职的业务架构师和产品经理，可以先从运营团队挑选一个有运营经验的网工来兼任进行过渡。

最重要的，必须有一个对网络 DevOps 路线的落地非常坚定，且对架构、管理、技术都有一定了解的 Leader 来主导这项工作，在需求的落地和完整的规划过程中，包括短期需求与长期战略的兼顾等方面，做好协调，做出正确的决策。

7.2.2 已有分散平台：重点切入，逐步迁移

1. 现状

对于已有分散平台的网络团队，其典型画像大致如下。

- 网络管控平台经过一定时间的建设和积累，已经有了一些基础，在平台上也形成了一些实质性的功能。
- 相当一部分运营场景已经有了系统支持，但还有一些场景还有待实现。

- 运营团队一般不少于 50 人。
- 平台研发团队往往也达到了 20 人及以上的规模。

当然这只是一个粗略的画像，更好的做法还是针对自己团队所处的现状做一次深入的复盘，对现有的平台和运营现状做一次全面盘点，这样才能更清晰地判断如何开始实施网络 DevOps，具体操作上可以借助以下的一些问题来做梳理。

- 现有的平台大概有百分之多少已经属于基本稳定状态，基本不需要优化迭代了？
- 当前自动化率已经达到了什么样的水平，是否还有较大的提升空间？
- 三大战略指标，即稳定性、效率、成本，还有多少可以通过平台提升的空间？同时各项指标是否已经处于一个比较稳定的状态区间？
- 运营数据是否已经实现了集中化数仓管理？
- 公司是否有通过数据挖潜来实现智能化或者 IBN 的意愿？

2. 特点

处于这一阶段的网络团队多存在于业务比较成熟的互联网公司，很多情况下都是由于前期不太关注整体规划，烟囱式的建设了一些平台，不成体系且数据割裂。

(1) 人员

- 运营人员有一定的代码开发能力，比例往往不低于 30%。
- 平台研发人员具备一定垂直业务领域的网络业务知识，但是广度和深度不够。
- 运营和研发人员的流动性都比较高，每年流入流出的人数不少。
- 运营和研发团队已经进行了基本职能的划分，运营人员的工作内容、工作经验范围得到了进一步精细化，研发人员也有自动化、监控等垂直领域的划分，但复合型的人员可能相对较少。

(2) 系统

- 在各个垂直单体式系统的实现中，已经有了一些简单但针对性较强的架构设计。
- 多个系统（或者说大家喜欢叫的平台）各自为政，底层技术中间件不统一不复用。
- 运营人员完成一个操作，往往需要跳转多个平台。
- 部分系统已经有了一定的网络 DevOps 形态，即有部分由网络运营人员自主开发的应用，但不是体系化的，与其他系统不兼容，能力的复用度也不够。
- 系统的业务功能仍是首要的，软件架构复杂度的问题优先级反而较低，重构的可能性比较高。

- 各个模块的架构不统一，技术、部署、数据、功能上存在很多重合点，但又在其上做了很多硬代码的定制化开发，很难直接复用。
- 已有模块的迭代较难推动，原来的平台研发人员大多转到了其他开发工作或者其他方向，新需求的实现明显变慢。
- 基础模版的维护问题已逐步显现，存在闲置模版越来越多的情况。

3. 建议

针对处于这个阶段的团队，建议采取的路线是**"重点切入，逐步迁移"**，同时建议业务中台和数据中台分别采取不同举措和路线：业务中台通过单个系统重构，具备中台能力后带动场景和应用的迁移；数据中台从数据集中开始，逐步完善服务能力，同时也将自身作为业务中台的一个场景和应用。

（1）平台设计与落地

1）业务中台。

挑选当前自动化率还比较低的场景，或者评估后认为需要大量迭代甚至重构但又缺乏资源的平台作为切入点：识别这个平台与其他业务之间可复用的核心能力和通用能力（支撑域的能力可以暂时保持之前状态），并尽快完成这部分能力的开发。

让运营团队参与进来，将之前迫切需要落地的场景在新平台上以网络 DevOps 的方式实现，运营应用实现自定义开发，基础应用可复用或复制之前平台上已开发的能力。

通过较为正式的类似推介会的形式，将构建的这个小型网络 DevOps 平台的价值、核心能力与通用能力、实现的场景与其他现有平台的依赖关系，以及如何支持现有的其他场景等特性，及时地向运营人员宣贯，争取他们尤其是领导层的认可。

如果其他平台也存在应用管理困难、不具备平台治理能力等问题，在推介会召开之前，网络 DevOps 平台最好已经具备平台治理的部分能力或者解决方案，这样才能通过解决运营人员的痛点问题得到更多认可，为下一步的迁移打下基础。

网络 DevOps 平台需要将之前那些分散平台的能力识别、抽象并提供出来，而且具备覆盖整个业务链并补充平台治理的能力，所以从领域范围上来要明确全局性的定位，否则谁也不会把当前用得好好的功能，迁移到一个很多基本功能尚未具备的新平台上；在用户界面上，也要多吸收和借鉴原有平台上的一些特点，避免给用户带来太高的学习及使用成本。

2）数据中台。

相对业务中台，大部分公司网络团队的数据中台能力还是比较弱的。虽然一直在强调，但运营数据始终没有像主流 APP 的用户数据那样得到重视，没有形成真正的数据仓库化或者数据湖化能力，更别提作为中台所需的为业务服务的能力了。

所以将数据中台的搭建作为整个网络 DevOps 平台建设的契机及切入点是一个不错的选择。因为数据和流程其实是密不可分的，所有的数据都来自于业务活动，不管这个业务活动的实体是人还是设备。因此在理清每个数据表的来源，真正形成全局 OneData 的同时，也需要同步开展业务流程的全面梳理工作。

如果端到端、全链条地审视数据从采集到展现的全过程，也可以将数据中台视为一个业务流程，而且能发现确实有很多依赖的能力和其他业务流程是通用的，像任务、流程引擎、函数引入等，所以也可以在业务中台上先实现数据中台的数据处理流程能力，然后再将其他业务流程逐步迁移过来。

在数据中台本身的建设过程中，可采取重点切入的方式开展，在场景上选择某个擅长的领域，如报表、告警；在能力上可以选择从最简单的开始，先做数据集中、再做数据处理，最后再实现数据服务。但是请切记，我们要做的是数据中台，而不是报表平台。

（2）人员组织

处于此阶段的网络团队，人力资源相对而言比较充裕，运营人员的运营经验某种程度上也得到了一定的沉淀。这个阶段的运营团队，一定要逐步强化业务架构师和产品经理的角色，特别是在业务架构师的培养上，要有意识地提供多个岗位历练的机会，这样才能在团队与职责越发细化的情况下，培养出熟悉整个运营生命周期的业务专家。

平台研发团队在这个阶段往往已经进行了方向上的划分，大多数都是向业务看齐，按业务划分为自动化、智能化、监控等几个方向，但往往忽略了中台能力的培养。因此可以采取横向和纵向同时发力模式，既要在横向上投入资源侧重于业务、数据、技术中台的打造，同时也要在纵向上安排资源配合运营完成应用的开发和迁移，以及配套机制的建立。

（3）规范化

在进行系统重构的同时，对于以往单体系统建设时出现的那些模版、数据、代码方面的问题，一定要重点关注并避免再次出现。

初始阶段，基础应用会复用之前形成的能力，但最终也要迁移。所以一定要统一不同业务领域的应用开发规范，全网一个标准。

同时，中台的治理能力要与功能放到同等的重要性来规划，在重构之前就要充分考虑和进行设计，并且在资源投入上要重点保障（建议与投入到功能开发上的资源相当）。

202 // 网络 DevOps 平台规划、设计与实践

7.2.3 已有传统网管：组合出拳，择机重构

1. 现状

这里提到的传统网管，主要指以资源管理能力为主的网络管理平台，包括管控物理资源、逻辑资源、虚拟资源等，但在自动化或者智能化能力上相对偏弱，一般在传统行业的企业中比较常见，比如电信运营商、金融类企业，以及政府、各类事业单位等。

2. 特点

(1) 人员

- 运营团队以承担运营的工作为主，具有开发能力的人员比例较少，在运营组织内设置独立开发团队的更少。
- 企业内的开发人员更多倾向于业务的开发，投入在后端管控平台中开发的较少。
- 运营团队的网络运维能力与经验都比较深厚。

(2) 系统

- 这类偏资源管理的系统，根据中台的定义和划分，往往被划分到后台系统。
- 更多地考虑面向设备以及其他各类资源的管理，对业务的适配和服务能力上考虑较少。
- 因为是面向资源的，出于安全的考虑，整体上功能比较稳定，相应地在灵活性和对业务的响应力较差。
- 已有的功能经过长时间的打磨和迭代，稳定性、精细化等方面做得较好。
- 绝大部分功能都是内嵌在代码中的，较少有开放给运营人员的自助开发能力。

3. 建议

对处于这个阶段的网络团队，建议采用 **"组合出拳，择机合并"** 的方式，先建立一个以自动化为主攻方向的新平台，支撑运营主要工作开展，并与传统网管之间通过接口打穿；然后在一定时间后将两个平台的通用能力逐步合并，最终形成一个平台。

(1) 平台设计

对于拥有传统网管的团队，已有的网管能力先不要动，因为它们在数据采集与可视化的积累上，并不会亚于互联网公司的一些工具平台，可以将现有的网管作为业务中台的一部分，通过 API 将既有能力提供给应用层使用。

同时，在自上而下的完整领域设计以后，构建业务中台的其他能力，包括应用层的编排能力、领域层的其他领域能力等。

数据中台的能力也可以类似方式提供。这样中台层就包括了已有网管能力、新增业务中台能力和新增的数据中台能力，整体大致如下图 7-2 所示。

应用层		
领域层：　传统网管能力	新增业务中台能力	新增数据中台能力

图 7-2　传统网管的中台设计

当然这不是终态，最终还是要做一个领域模型的对比，将传统网管与新增业务中台的共性能力进行识别，并吸取两者重叠区以外的能力进入业务中台的能力模型中，比如传统网管中有不少自动发现的能力，自动化工具多以流程触发或者周期任务为主，这部分能力我们就可以合并到中台能力中去。通过识别和合并，将传统网管的核心能力和数据库核心数据合并到新增的业务中台与数据中台中去，最终实现整体的能力迁移。

（2）人员组织

网络 DevOps 的文化中非常重要的一点就是协同——研发与运营协同，一方面将中台能力抽象，一方面要让运营参与开发。传统的网管从能力上和模式上看，显然都是不具备的，因此首要的就是要将平台研发和应用开发解耦，逐步组建起自己的运营研发团队，而且这个团队的关注点应该聚焦在应用开发上，而不是放在平台打造上。

7.3　对不同类型企业的实施建议

接下来，重点分析不同类型企业的组织、人员和系统特点，并对互联网公司、传统企业、服务提供商这三类业内典型的但又属于不同类型的企业，如何实施网络 DevOps 平台给出相关的建议。

7.3.1　互联网公司：创新引领

1. 特点

（1）人员

● 研发能力强，开发速度快。

- 人员年轻化，学习性较强。
- 人员流动性大，不太稳定。
- 网工的来源多元化，厂商、运营商、校招生等背景皆有，通常具有一定的研发能力但是水平参差不齐，当然完全没有代码编写能力的传统网工也有一定比例。
- 公司一般都有单独的产品经理岗位，对产品重要性的意识比较强。
- 网络团队没有专门的测试人员，所以测试要么是平台研发完成，要么在运营人员验收时一并完成。

(2) 组织

- 维护体系比较扁平，不管有多少个 DC 或者多少张网，都是在一个大团队中维护。
- 大多在一个团队中就实现了网络运营全生命周期各个环节的周转和覆盖。
- 以往对流程、规范的重视度不那么高，现在已经有了很大转变，而且在流程、规范的优化和修订上比较灵活（较少需要审批、下文等烦琐的流程）。
- 部门墙不是特别严重，跨部门的协作往往通过一个项目启动会就可以推进。
- 项目的启动非常快，一周左右就可以启动一个项目，甚至可以先定目标，再做具体规划和设计，以目标驱动。
- IT 系统的建设就是团队本职工作的一部分，一般不会安排单独的 IT 投资。

(3) 系统

- 公司内部有成体系的中间件或其他基础服务/组件能力，因为这些组件相对于网络而言是其所承载的重要业务，网工多多少少对一些研发相关的概念和技术有所了解。
- 网络管控系统几乎都经过了两、三代甚至更多代的建设，重构多于迭代，甚至每年都重构。
- 网络管控系统一般以多个平台的形式存在，1~2 个人维护一个平台，功能分散。

(4) 网络承载业务

- 以本公司的主流应用为主，应用类型多，业务要求和流量特征、行为特征比较复杂。
- 业务的无损要求高，小的抖动或者一分钟内的中断都不能容忍。
- 对业务的流量流向可控度较高，对于网络调整或故障引发的业务风险及业务感知可以做较为准确的评估。
- 具备业务协同能力，业务的调度、降级等方式与网络的调度大多可以协同。
- 如还同时提供云服务，则对网络服务质量的要求更加严格。

2. 建议

针对以上特点，对互联网公司的网络 DevOps 平台落地实施建议如下。

(1) 团队组织

首先是关键角色的安排方面。互联网公司一般都有产品经理，产品和项目的经验都比较丰富。在中台建设的背景下，对跨业务领域的业务抽象能力、软件工程领域的知识要求更高，所以由产品经理、网工、平台研发来主导中台项目都是有可能的。具体来说，谁更能适应跨界的转型，谁的学习能力更强就更能胜出、更能适应。从实际情况来看，想从外部招到满意的业务架构师或者中台产品经理，是非常困难的，建议还是以内部培养为主。

其次是分工协作方面。随着平台研发和应用开发的分工进一步清晰，组建具备一定开发能力的应用开发团队应该不是什么大问题，所以只要按照各自的角色定义做好关注点的区分就好。前期平台研发可以在平台层和应用层分界清晰的前提下，辅助网络运营共同完成应用的开发，后期网络运营可以从现有运营人员中组织 3~5 人的虚拟应用开发团队，当然如果运营人员能够全员参与就最好不过了。

并不建议招聘专职的研发人员加入网络运营团队来承担应用开发工作，因为这样很难将运营人员的运营经验真正融合到开发中来，本质上还是没有改变运营与开发分割的状态。同时，建议负责应用开发的人员仍要以运营为主业，不能单纯地做开发工作而脱离运营实际。

建议在运营人员的招聘中，增加简单代码编写能力的考核，通过外抓招聘、内抓培训，逐步将运营人员掌握代码编写能力的比例提高并保持在 50% 以上。

(2) 项目组织

得益于互联网公司的组织灵活性，可以通过重点项目的形式来发起和落地网络 DevOps 平台的建设，但切记不要急于求成。常规项目从正式启动会到结项的时间较短，一般可能就 3~6 个月的周期。而网络 DevOps 是一个涉及组织、人员、平台的系统性项目，需要匠心打磨，3~6 个月的时间很难形成明显的结果。因此必须把网络 DevOps 平台当作一个**战略性项目**来对待，要打持久战。

首先要取得决策层对网络 DevOps 方向和路线的充分认同并获得支持，要请决策层清晰判断并把握规划和设计的整体性与延续性，同时不以短期的成果和输出作为 KPI 考核的唯一标准。网络 DevOps 平台建设需要充分准备而且不能急于求成，毕竟产品经理和业务架构师的规划是长期规划，平台开发人员不能直接通过业务层的价值来体现个人价值，应用开发人员因为要做前期设计而不能马上完成应用开发，所有这些不能立杆见影见到结果的工作如果得不到决策层的认可，网络 DevOps 很可能起步后没多久就夭折了。

其次在项目实施上，既有 2~3 年的长期战略目标，也要有每个短期阶段的具体产出目标。不论是没有管控平台的网络团队，还是已经有零散平台的网络团队，不论是采用自顶向下原则还是采用重构迁移方案，都建议参考精益创业中的 MVP 原则，分多个阶段逐步完善和实现网络 DevOps 平台的落地，初期可以选择一到两个场景先实现落地。

同时在这一两个场景的选择上，可以先聚焦业务团队内的痛点问题。但这往往又会出现多个小业务团队间优先级争执的问题，毕竟建设、运维都觉得自己有无法忍受的问题。这种情况下，就需要贴近公司或者决策层的关注重点，判断当前阶段的重点或者主要压力的来源：稳定？成本？效率？总之，选择的切入场景一定要尽快得到决策层以及团队的充分认可，这样才能争取到更多的资源倾斜。同时，需要再次强调的是，纵向上选择重点场景没错，但横向的主要组件一定要以中台的方式构建，不要偏离整体的规划设计。

"Think Big, Start Small, Move Fast"，这个原则很适合指导网络 DevOps 平台的建设。

(3) 中台能力建设

对于提供中间件服务的技术中台，在满足条件的情况下，还是尽可能使用公司的通用能力，千万不要贸然单独搭建，不仅耗时耗力，而且很难做好。对于中间件集群对网络循环依赖等问题，可以考虑引入云技术并使用云上资源来解决。如果确实存在一些个性化的需求且公司现有通用能力无法满足，尽量通过在公司的既有 API 或者 SDK 上进行二次开发的方式加以实现。

互联网公司更应该做好业务中台和数据中台的自主研发，而不是简单的拿来主义，直接用现成的开源产品。研发过程中要力求使业务中台和数据中台更贴近业务、更贴近使用者、更加产品化，毕竟，业务中台和数据中台是难以跨行业和公司直接复制的。如果互联网公司能够将自主研发的组件或者框架开源出来，作为一个整体的应用框架输出，相信整个网络行业都会从中获益的。

(4) 应用开发

互联网公司由于组织扁平化，维护人员少，因此对解决工作中存在的重复度高、响应效率低等问题更加迫切。可以采取需求驱动的方式，从典型场景切入，而且因为有自身开发能力的加持，应用的开发落地会比较快，基于 SOP 的优化迭代也会比较频繁。

同时由于与业务的关系较为紧密，且互联网公司中部门内的合作或者跨团队的合作都比较多且灵活，自动化应用或者数据应用可以充分利用这个优势，在场景落地时尽可能地与业务方的数据联动和结合起来：如业务告警触发、业务与网络告警关联分析、网络业务联动调度等。

7.3.2　传统企业：稳妥推进

1. 特点

(1) 人员

- 网工基本以逐年培养起来的校招生为主，大部分来自传统的通信专业，对软件开发技能的要求不高，同时也因为社招人员较少，所以人员能力和经验的形成基本都与自身体系内的日常工作紧密相关。
- 领域的专业化分工很明确，擅长单一领域的专家比较多，多见于运维与网络规划、网络资源管理、网络建设与交付等领域，但跨领域的专家比较少。
- 后端管理系统一般不专门设置产品经理，团队成员的互联网产品思维相对较弱；团队内 IT 系统的需求收集与整理一般由需求经理负责，但由于相关工作均是随各系统建设单独开展，因此缺乏对公共需求的抽象和总体设计方面的考虑。
- 团队和人员比较稳定。
- 少有专门做网络管控平台的研发人员或团队。

(2) 组织

- 组织架构层次化比较明显，一般分专业、分地域维护，运营人员的数量要远多于互联网公司。
- 部门的界限和分工比较清晰，比如 IT 部门和运营部门往往独立设置且彼此间界限比较明确；网络资源生命周期内所涉及的各职能也往往由不同部门负责。
- 存在跨部门的合作，但跨部门项目的平台一般较少。
- 业务上很重视流程和规范，同时在流程和规范的更新上非常谨慎，项目、流程、规范等都要通过层层审批落地，所以相关工作的组织从规划到启动再到正式上线的时间都会比较长。
- 管控系统的建设一般属于需要单列的投资项目，内控严格。

(3) 系统

- 多以外购的方式实现各类资源系统、网管系统的建设，自身开发能力普遍较弱。
- 受投资额度控制，一般不会频繁地重构系统，基本是在一个系统上不断演进和迭代；因为较长时间的沉淀和打磨，因此在一些细节功能的实现上比较精细。
- 对管控系统的实现上更关注稳定性的保障，对效率和成本的关注相对较弱。

- 除了运营公有云业务的公司外，一般不会有整套、多种可选类型的中间件服务（比如提供多种队列模式，多种不同数据库类型等）。所以网管平台往往需要打造自己的技术底座，技术中台采用云原生技术的较少。
- 因为专业划分的考虑，传统企业一直在推进的跨专业综合网管一直不够深入，某个具体专业的专业网管比较强，但彼此间较难实现融合。
- 覆盖运营全生命周期的实现较少在一个平台上实现，网管系统的支撑能力主要用于运维，网络规划、网络建设与交付、网络资源管理都有独立的系统为其团队提供服务。

(4) 网络承载业务

- 网络承载的业务主要分为两类：公司自有应用或者业务的流量，以及互联网访问流量。
- 对业务的响应能力相对较弱，一般情况下对外承诺的 SLA 不会特别高。

2. 建议

针对传统企业的以上特点，在网络 DevOps 平台的建设落地上有以下建议。

(1) 团队组织

角色安排上，传统企业的产品经理和业务架构师较少甚至没有，但是网工的经验都是比较丰富的，所以，对于业务架构师，可以从资历较深的网工中选拔，特别是从有多岗位经历的人中挑选和重点培养。对于产品经理，可以在之前担任需求经理的人中挑选并专门培养，逐步将产品设计的职责从集成商转移到运营团队等业务部门。传统企业的培训机制一直做得比较好，对于这些选拔出来的人，可以有针对性地安排一些产品、企业架构方面的培训和考核。

人员安排上，传统企业的运营部门中很少有独立的开发团队，甚至连侧重开发的独立的人员也不多，因此，为了确保网络 DevOps 平台建设落地，开发力量一定要尽快组织起来。同时由于应用开发必须熟悉业务逻辑，所以，不管是外部招聘还是内部培养，既懂业务又懂代码的应用开发人员一定要有保证。当然，初期这部分人不需要太多，3~5 人即可，甚至也可以不成立单独的应用开发团队，但只要能够完成 1~2 个应用的快速落地，就可以迅速地起到以点带面的效果——更多的人从知识储备到实际操作都会被带起来。当然，也要注重新生开发力量的培养，比如在新招员工中要专门强调代码能力。

建议参考互联网公司的一些做法，组建承担应用开发的小团队（虚拟组织形式亦可），同时相关人员要在运营团队内部保持轮岗或者轮班，以确保应用开发人员的业务能力和代码开发能力均衡发展。同时人才机制方面也要配套提供，毕竟这类人才在哪儿都抢手。建议在职业发展、薪酬待遇上能够予以倾斜，这样也能促进其他传统网工积极转型。

（2）项目组织

跨组织的合作有难度，更别说做组织架构上的调整了。所以如果组织架构仍需要保持现有模式且分工不变的情况下，可以考虑沿用以往的外包集成方式来完成平台层的建设，由运营部门或者跨多个后端部门的虚拟团队来进行应用开发。

项目安排上，由于要遵循立项、投资和建设等环节，所以可以考虑规划一个相对较长的周期，比如建立一个 3 年期限的公司级项目，在取得公司领导层的支持下，利用 1~2 年时间把基本能力建设完成好，后续再进行场景和功能的持续迭代。

以传统企业中的运营商为例，它们现在大多在推进云网融合，或者云网一体的工作。对于运营商这种类型的企业，不管横向看价值链，还是纵向看业务领域，其基础设施的大部分领域都是相似的，所以可以考虑从云网络切入，新建一个管理平台项目，然后将同样的能力延展到基础网络。

虽然项目整体周期较长，但阶段性的目标必须明确、细化、量化，这样才能更有效地进行管控并能够增强团队的信心，比如至少要以 3 个月为一个阶段，明确每个阶段的目标、举措和衡量标准等。

（3）中台能力建设

技术中台建设上，有条件的可以尽量使用企业自有的云服务产品，也可以选择成熟的云服务提供商进行合作，同时采用分布式的灾备部署模式，在提升可靠性的同时可以降低成本。由于后期涉及从 IP 专业平移到其他专业的能力，所以技术中台的建设上，还需要考虑技术能力的共享和复用。如果企业现有不同专业领域系统的集成商也不同，可以考虑将技术中台拿出来独立建设。

对于业务中台和数据中台，可以外包开发，虽然存在部门差异，但是整体的业务要素和业务流程是大体相似的。同时既然公司决策层已经确定这些平台要提供跨部门的通用能力（构建网络 DevOps 平台的初衷），那么业务中台和数据中台所识别、所分析的业务领域，就必须要进行全面覆盖——横向上覆盖全生命周期，纵向上覆盖不同类型网络。

（4）应用开发

在以运维场景支撑为主的同时，兼顾网络建设和网络资源管理方面的需求。同时网络规划需要从传统的提供数据为主，往数据集中的智能化规划发展。

由于传统企业在运营方面的内控更加严格，一个流程规范的落地，所需的时间往往较长，因此要实现自动化和智能化，以下的几种举措可以考虑尝试。

- 规范线上化。将规范的内容分开处理，格式化的行文标准可以保留，策略和配置模版则移到线上。修改策略直接修改平台上的 JSON 结构 key：value 中的 value，或是相关规则条件中的规则。仍以运营商为例，前面提到过，有些运营商网管系统的仿真能力由于起步比较早，现有能力比较强也比较完备，因此修改后的策略和配置经过仿真系统验证，其实就具备下发的基础了。同时也因为各方都可以看到这套系统，看到修改的策略部分，看到仿真的结果，因此整个验证确认过程可以非常快。

- 急用先行。可以从当前维护操作中最耗费人力和时间的运维场景切入。以现网割接场景为例，以往做一个割接，每次都要编制方案、内部审批、通知客户、人工执行，耗时耗力，效率低下。因此完全可以通过场景来驱动应用开发。可以从现网中先确定具体的领域，按照前面拆分的方法梳理业务流程、拆分子领域、对齐重复能力……。

- 建立测试环境。传统企业几乎很少会单独部署研发的测试环境、生产环境和线上环境。以前的系统建设多是采取甲/乙方的项目交付模式，最终交付的基本是已经在集成商中经过测试的正式能力了，可以直接在线上环境中投产。但由于网络 DevOps 平台需要提供应用开发能力，因此这套测试能力也需要在日常运营环境中建设起来，应用开发完毕且在测试环境中测试、评审后，才能正式发布。

7.3.3　服务提供商：开放适配

这里的服务提供商主要指从传统设备制造商延伸出来的网管软件提供商，或者专门从事软件开发的系统集成商，即将网管的软硬件能力开发成产品进行销售的企业。

1. 特点

(1) 人员
- 团队以研发人员为主，网络运营人员为辅，研发能力较强；软件服务产品的研发是团队的主业。
- 团队中技术人员对自有设备比较熟悉，但对业界其他厂商设备熟悉程度一般。
- 有实际网络运营经验的人员不多。
- 有专门的产品经理角色，有专业测试人员，并负责软件服务产品的质量把关。

(2) 系统
- 主要面对特定型号设备，对跨厂商、跨型号的设备适配能力较差。
- 通过内部定义的一套规则，实现告警呈现、告警收敛等一些基础能力，一般情况下这些规则不对外暴露和开放，兼容性较弱。

- 以管理网元及板卡、端口、电路、IP 地址等各类物理、逻辑、虚拟资源管理为主，对客户自身的其他资源信息不太关注。
- 比较重视前端开发，前端视图等做得比较有特色。
- 自动化能力较弱（即便具备能力也比较单一），较少关注客户的业务领域和业务流程端到端落地（因为可能出现跨厂商的操作）。
- 对业务领域的痛点和难点没有直接体验，往往通过其所服务客户的描述和诉求来获取，较少接触具体的业务应用，以提供支持服务能力为主。
- 按照 License 或者功能收费。License 按照管理多少网元或者其他资源进行收费，功能按照客户提出的能力点或者场景收费。
- 有免费服务周期，超出免费期的服务需要额外收费。

2. 建议

服务提供商一般是将其开发的网络管理软件后续服务作为产品来出售的，平台层面的中台能力是其主要创收能力，比如以支持多少应用作为收费的一个衡量手段。

对这类公司开发网络 DevOps 平台，主要有如下建议。

（1）团队组织

与其他两类公司相比，服务提供商与业务没有直接的接触，所以团队中的角色安排和人员要求尤为重要。

服务提供商有自己的产品经理，也有业务架构师，但都是立足于本公司所处的领域，并不能完全贴近可能购买网络 DevOps 平台的用户侧。而在网络 DevOps 平台建设中，极其关键的角色就是熟悉网络技术和网络生命周期的产品经理或者业务架构师，因此可以考虑通过如下几个途径解决。

- 一是从互联网公司或者运营商招聘一些运营资历较长，且思维上有较强抽象能力的人，这种操作可能会比较难，毕竟现在人才都是每个公司的宝藏。
- 二是在长期的合作伙伴中安排常驻服务人员，这些人员在做好本公司的一些产品服务的同时，要有积极主动的服务精神，尽可能地熟悉合作伙伴的各种场景，并在具体问题的解决中提升能力。
- 三是可以通过为首个用户提供免费服务等形式，促进合作机制快速形成，在一个有用户共同参与的虚拟团队的环境中，对相关领域开展深入讨论、深入了解，并通过这样一个过程培养相关领域的产品经理。

(2) 中台能力

以往的服务提供商关注的是单体式系统产品，即平台与应用紧密耦合的系统，如果转向去开发网络 DevOps 平台，一般会以平台层和中台层的开发为主。由于不会有那么多的磨合期来测试、反复修正迭代，因此需要在项目启动之初，就要结合后续承载的应用，将所需要的能力考虑得更清楚、设计得更全面，尽可能实现一次性交付，因此很难采用互联网公司那种先保证主线再逐步迭代的方式。同时由于需要适配不同用户使用的不同类型中间件能力，比如不同的数据库，所以需要在分层架构中引入依赖倒置的设计，以应对用户的多样性，而不是采用传统定制化的交付模式。

这里重点提一下数据中台。服务提供商跟其他两类企业不同，既不是数据的产生者，也不是数据的处理工厂，只是负责搭建数据处理工厂。所以除了需要适配不同的数据存储基础服务外，还需要建立完备的数据安全保证体系，让用户最终能放心使用产品。

虽然产品本身不包含应用开发，但建议服务提供商还是将平台治理能力和相关规范同时打包开发。一个平台如果没有应用管理和测试等能力，其可用性将大大降低。

(3) 应用开发

服务提供商并不负责应用开发工作，但是可以考虑将应用开发作为一种增值服务来提供：一方面可以以服务提供的形式，安排研发人员辅助客户进行应用开发；一方面可以将 License 与不同的场景绑定，通过场景的落地来体现价值。这样，在提高产品收入的同时，也能更进一步满足客户需求，提高自身产品和研发人员对业务的理解能力。

对服务提供商而言，是选择提供网络 DevOps 平台能力，还是继续聚焦以往的垂直领域系统，要根据企业自身的战略布局和具体的投入产出来评估，这个愿景和前两类企业肯定是有差异的。如果选择做网络 DevOps 平台，在具体运作方式上，可以参考以项目合作的方式去实施，以实现甲乙双方的双赢。

小 P 他们把项目组整理的路线建议，和业界同仁进行分享后，得到了称赞：

当前的阶段，最让我们头疼的就是已有这些七七八八的"平台"基础上，如何来逐步整合，虽然不能直接复制你们的做法，但你们给的建议非常有效！

小 P 谦虚地说：我们了解和总结的这些建议不一定准确和全面，所以在接下来马上举办的一个开放性的论坛上，我们准备发起一个制定网络 DevOps 的能力模型和开源应用架构的项目。希望和大家一起合作，聚合大家的力量，为整个网络行业的运营水平持续提升贡献力量！

第 8 章
网络 DevOps 平台的迭代演进

网络 DevOps 平台已经上线，各个应用也在有条不紊地陆续上线运行。这一天，张 sir 把小 P 和老 E 叫到了办公室："我们这次为行业做出了很好的表率和示范，很不错！接下来有持续性的规划吗？"

小 P 说："我有两点计划。一是准备把当前在 IP 网络实现的这些能力，横向扩展到云虚拟网络、传输、基础服务等领域，避免其他领域依然是烟囱林立的状态；二是眼下落地的应用，主要还是以自动化为主，虽然有了数据中台，但智能化的实现还需要更多准备，像仿真、预测、IBN 这些都需要逐步探索。

我们的具体考虑是这样的，跟您详细汇报一下。"

在数字化转型、云原生、元宇宙这些新概念层出不穷，新技术快速发展的今天，必须要打破以往的局限，网络 DevOps 平台应该用一种开放、发展的姿态，更好地迎接并向未来的技术和应用平滑演进，而不是一次一次地推倒重来。

8.1 平滑适配网络技术的演进

网络技术中涉及的交互协议、可视化技术、转发技术、IPv6 等，虽然对应到 TCP/IP 协议栈的协议层次不同，但都或多或少地会对不同的中台能力产生影响。

1）交互协议对应的更多是技术中台的能力。不论是采集协议还是配置下发协议（比如

Netconf、gRPC 等），对这些新协议的支持无法通过应用开发解决，必须由平台层能力在迭代中提供支持，也就是技术中台中的控制器层。控制器层能够平滑地为应用层提供服务能力（比如以选择协议、采集频率、采集项、阈值等形式呈现），可以作为提前抽象出来的选择，通过 JSON 或者其他方式来定义，即便是面对后续的扩展协议，也只是增加了一些可选项或可选值而已。

2）可视化技术同时对应着业务中台和数据中台的能力。在具备采集能力以后，简单的可视化技术可以直接形成数据中台中的数据接入能力；复杂的可视化技术可以在技术平台层对数据进行基础的计算和处理以后，再为业务中台提供需要的能力；数据中台主要对数据提供存储、字段自定义能力，以及基于这些数据所进行的各种维度分析的处理、分析和展示等能力。这部分能力往往在数据中台的建设初期就已经具备了，不需要额外扩展。

3）转发技术对应的是技术中台的能力，即技术中台中控制器这部分的能力，比如从裸 IP 转发能力升级到 MPLS VPN 能力，再进一步升级到 SR-TE 能力。控制器的功能抽象出来，应集中在协议支持（设备交互、转发协议）、协议信息采集、规则定义、计算判断、配置下发等几个部分，而且从第一个控制器开始，这些能力就应该作为中台通用的能力来设计，而不是每新增一个协议或者一个场景就做一个控制器平台，最后再在一堆的控制器之间再打通 API 接口或者数据。动辄十来个控制器的方案并不是正确的做法，大家看到的应该是控制器通用的模块以及交互、接口，这才是网络 DevOps 平台或者网络管控的方向。开发一个插件式可灵活扩展的控制器，覆盖所有场景并能向上层提供能力，才是最佳选择。

4）IPv6 其实是一种虚拟资源，即 IP 资源的扩展，对网络本身的要求进一步集中在网络转发平面，对控制层也就是网络 DevOps 平台的要求，对应的则是数据中台，即保存和处理这类资源信息的字段，并在字段类型和字段长度上具备可扩展能力。类似的虚拟资源还包括 community、AS 号等，因此在网络 DevOps 平台设计之初就要支持可扩展，做好支持占位的属性定义和多层分配，这样就能解决后续的适配问题了。

8.2 灵活适应纳管范围的调整

本书重点介绍的是网络 DevOps 平台设计与实践，更多聚焦的是对传统 IP 物理网络的管控。但从整个基础设施的视角来看，如果作为网络之上更高一级组织的管理者，更希望将物理网络的管理经验移植到其他各个领域中，比如 overlay 的容器网络，希望能够实现方法和演进路线上的一致性。那么网络 DevOps 平台的这套方法，能否复制到传输网络、移动网络、虚拟网络，甚至其他的基础设施，像 IDC、服务器？

笔者了解到，也有业界同行尝试在传输网络管控领域推广网络 DevOps 平台方法，但是遭到了该公司传输运营团队和研发团队的一致反对：理由是传输比 IP 网络要复杂得多，无法用同样一种模式来处理：传输有机柜、系统的概念，和 IP 设备不一样；传输有电口和光口的区别，IP 没有；传输有波道的分配，IP 网络不需要……，最后在研发和运营的双重反对下，传输网络管控还是单独做了一套，并且做成了一个连界面都和传统厂商网管一模一样的自闭环小系统。同时也了解到，在另外的一家公司，由于管理层的坚定，传输网络的管控没有任何争议地在和 IP 网络同一个 DevOps 平台上实现了。

这个"失败"的故事很大程度上，就是前面提到的愿景、目标并没有对齐，没有获得决策层的支持，同时在执行层的技术面又发生了严重的偏差等问题造成的。所以，同一个理念要平滑地复制到其他领域，首要的就是决策层、技术层和业务层的统一与支持。

具体实现上，接着以传输专业为例，我们继续用 DDD 领域建模方法，先梳理传输领域的领域模型，再与前几章中梳理的 IP 物理网络的领域模型进行比对，以找出相同和不同的领域模型。

第一步，回顾之前在梳理业务架构时，我们梳理过的横向价值链和纵向业务领域：从 High-Level 的层次来看，价值链和业务领域是不是基本覆盖了传输网络运营的全生命周期？如果没有，则进行添加。

第二步，提取其中一个或者多个业务领域（具体要看给我们的业务架构分析时间是否充分，如果时间充分可以每个领域都做对比）进行问题域的拆分、建模、比对，形成传输业务域的领域模型。

第三步，按业务子域维度，与基础物理网络模型做横向对比。如果存在新的价值链或者业务领域，即拆分建模以后出现了新增的领域模型，就将其作为新的能力补充上。以笔者多年运营的经验判断，80%以上的能力是完全可以复用的。

对于那些名词层面上的小差异，可以自下而上来分析处理：不论是机柜、系统还是电口、光口，甚至是波道、电路或者其他概念，都可以当作资源来对待，IP 网络同样也存在不同层次的各种资源。当我们把资源视为领域模型中的一个实体时，它们就会有自己的属性和属性值，实体之间也会存在关联关系。从这个角度看，就会发现在一些问题的处理上，其实在技术上和架构上并不存在大的障碍，主要障碍往往都在思想上，克服思想上的障碍，就会发现很多问题的解决其实在方法上是相通甚至相同的。

8.3　平台应用的智能化演进

总体来说，当前业界关注管控平台上应用的智能化发展，主要集中在以下几个方向。

- 一是从点到面，即从设备到网络。
- 二是从静态到动态，即从配置态到运行态。
- 三是从发现到预防，即提升网络风险的预测能力。

方向一可以通过 IBN 来实现；方向二可以通过仿真来实现；方向三可以通过"仿真+算法预测"来实现。这三个方向都需要大量数据沉淀和计算支撑。

8.3.1 实现 IBN 的新管控目标

SDN 的"风头"过后，IBN 的概念隐隐已成为网络界下一个会被"热炒"的话题。可是概念出来好几年了，很多互联网大厂也做了大量的尝试，可惜截至目前还没有取得以往那种突破性的进展。

1. IBN 的定义

当前关于 IBN 的相关定义，大致是从其目的、手段和关键要素等方面进行了一些描述。

1）IBN 的目的：提高网络的可用性和敏捷性（这一点与网络 DevOps 是相通的），希望通过一些手段和能力，敏捷地响应和实现业务的需求。

2）IBN 的手段：通过抽象的策略条目表达期待的网络行为。

3）IBN 的三个关键要素为转译、保障、激活，如图 8-1 所示。

图 8-1　IBN 的三个关键要素

其中，转译用于定义和识别意图，激活用于配置和执行意图，保障用于验证和修复意图。

2. 当前网络管控与 IBN 的差距

当前很多公司都在做 IBN，有的将自动化运维称为 IBN，有的将配置中心称为 IBN，有的将待实现的智能化称为 IBN。但事实上，我们目前的管控能力离理想的 IBN 还是有一定差距的，主要体现在以下几个方面。

1）从 IBN 关键要素实现上看，包括转译、激活、保障，但目前实现的大多还只是激活，也就是我们常见的自动化，而且没有在三个环节中形成闭环。

2）从一体化的角度来看，当前大家实践的转译、激活、保障，还基本是各自为战，并没有沿着一条统一的主线去设计、实现和观察。

3）重实现，轻定义，更多还是停留在软件定义设备这个层面。

4）保障环节缺少全量数据的观察和支撑，顶多实现了配置与意图的对比。

总的来看，现在的管控更多的是侧重在"点"上，也就是偏具体设备的管控，并没有真正上升到网络的管理，包括现在做的基于 YANG 的配置建模，也是偏向于对设备的管理。

3. IBN 怎么做

在网络 DevOps 中，对于 IBN 可以用另外一个概念 MDN（Module Driven Network）所代表的"模型驱动网络"来实现。

1）模型驱动网络（MDN）。

全网所有相关的资源、网络等对象，都可以通过一个统一设计、分层覆盖的模型体系进行管理。

每个模型所管理的对象都有其身份、属性、关系，并最终通过某种关系组合起来，形成不同的场景，如图 8-2 所示。

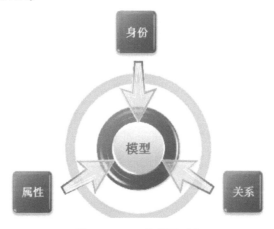

图 8-2　MDN 的模型对象

2）MBN 模型与 IBN。

对应到 IBN 的三个关键要素，可以分别由 MBN 中相应的模型来支撑实现，如图 8-3 所示。

图 8-3　IBN 三要素对应的关键模型

虽然是不同层次和不同模型，但由于模型在整体设计上是统一的，彼此间是一脉相承的，因此可以完成从转译到激活再到保障的一体化实现。

3）模型与网络 DevOps。

其实除了上述与 IBN 要素相对应的模型，模型的理念或者说使用建模的方法随处可见，比如：用建模后的插件方式来实现控制器对新技术、协议、能力的适配，用 DDD 建模来实现对新领域的适配，通过"网络模型+设备模型+数据模型"来实现仿真等。

即便是将来采用了元宇宙的思路来管理网络的一切，也依旧可以通过模型化来扩展，对所有对象建模，然后定义它的属性和关系，实现时间、空间的扩展。显然，这些实现的关键，在于这个贯穿全网的模型的设计是否足够抽象、统一、完备，而决定这一点的，就要看架构师和产品经理的能力了。

4. IBN 与网络 DevOps 平台的对应关系

其实在做业务领域划分的时候，就有一些相关的业务领域的要点与 IBN 是相似的。

业务领域的划分，除了按照网络生命周期划分外，还可以按照网络"四化"和网络管控四要素的维度来划分。当我们按照网络四化的维度划分时，系统化其实就对应着将业务策略翻译成网络配置；自动化就对应着网络配置自动执行，以及偏离意图时应采取的正确行动；可视化，需要通过各类数据的聚合和分析来验证意图；智能化则对应着观察网络的实时状态来证实业务的意图。

而当按照网络管控四要素的维度来看时，业务策略的翻译需要四要素中的规则来定义；

自动化网络配置需要通过四要素中的流程来控制；意图的证实需要四要素中的数据来分析、比对和支撑；而最后采取的行动则需要四要素中的控制能力来决策和判断。

所以，只要实现了按照不同维度划分的业务领域中的这些关键能力，IBN 的基本框架就已经具备了，如果再结合一套完整的全网业务模型，IBN 的实现是指日可待的。

8.3.2　实现对网络流量与故障的模拟仿真

模拟仿真是通过模拟网络中可能发生的事件，推演出事件给网络带来的变化和影响，从而为网络架构设计、策略部署以及优化与调整提供参考，进而避免风险事故的发生或在发生后尽可能地降低影响。模拟仿真是对网络运行态的模拟，模拟的事件有变更、故障、配置、调度、优化调整等，推演的数据有路由、流量、时延等，是对静态网络管理的一种有力补充。

具体所模拟的事件，有可能是路由的增、删，路由属性的修改，也有可能是网络上任意节点、板卡乃至端口的不可用等。

模拟仿真有两个技术要点，同时也是难点，一是路由仿真，二是计算仿真。

运营商所使用的网管系统，其路由仿真功能已经相当成熟，而互联网公司的路由仿真功能却并不那么灵活和理想。是开发能力不强？互联网公司的开发力量之强无须多说；是计算能力不强？互联网公司一般都有业界最先进的计算集群，计算能力也不可谓不强。那到底是什么影响了其仿真能力的建设？根据观察和判断，主要问题就出在开发人员对路由的理解上。

运营商做模拟仿真的开发人员，对网络路由协议，无论是 BGP 还是 ISIS，无论是基础理论还是"LAOMAN"属性，都理解得非常深刻。任何一个属性的调整可能会带来什么样的路由变化，他们特别清楚。所以在当时还没有诸如 FRR 之类的路由模拟开源软件的情况下，这些开发人员能够仅仅凭着自己对路由的理解，编写出类似路由引擎的程序（能力）；而互联网公司的仿真开发，因为更侧重软件本身，对路由反而没有太深入的了解，往往通过部署厂商的模拟器或者开源的路由模拟软件来获取支持，由于缺乏对自己所部署软件的深层次理解，再加上需要在路由变化上叠加流量、时延、拓扑等一系列其他信息，做出准确的判断确实相当不易。

其次是强大的计算能力。现在大家普遍认为模拟仿真的需求多集中在路由和流量的调度方面，很少有人认识到其在网络规划、变更、故障处理甚至业务探索方面也有较大作用。其实不论是用于什么场景，模拟仿真的一个重要的基础还是要靠足够多的网络实时数据来进行集中计算和判断，路由的变化只是计算输出的一类结果，推演其带来的流量、时延或其他等方面的变化才是完整的结果，而参与计算的流量等数据量巨大（与网络规模成正比），对计算能力的要求极高，当然，也就会有更多的不同维度的输出。

模拟仿真的实现，也是网络 DevOps 提倡的网络、运营研发协同合作的目标，只有将对路由、数据、计算各方面的知识都充分融合，也熟悉网络运营中各类"事件"的特点，才能将这个关键能力打造出来。

8.3.3　实现对网络流量与未知故障的预测

预测是通过对运营积累的历史数据的分析，寻找其中的规律，预测数据趋势，从而规避和提前处理一些网络存在的风险与隐患。相较而言，仿真模拟给的是一个准确率大于 99% 的近似答案，而预测可能给出的则是准确率最多 80% 的估算结果。

以往的网络运营，特别是运维，每天会采集大量的性能和事件数据，除了少部分根据设定的规则形成告警输出以外，大部分数据都被忽略和丢掉了。而这些性能和事件数据，如果被我们保存和积累下来，是一定能够从中发现一些规律和趋势的，比如从温度每天微小的变化中观察机房环境的问题，从进程的数据改变发现内存泄漏的可能性和批次问题，从光衰耗的逐渐变化提前发现光缆老化的风险隐患，而所有这些，都可以帮我们提前规避掉很多可能影响业务的故障。

至于怎么预测？这就涉及两个技术要点：数据和算法。

1. 数据

谈到数据，都会强调在其后面打上五个星号（可见有多么重要），可惜有些公司的研发团队已经成立两三年了，一边高喊着搞智能化、搞算法、搞 IBN，一边还没规划过如何长期保存数据、到底保存哪些数据等，更别提对数据质量进行有效管控了。

没有足够时间的数据积累，特别是没有高质量的数据积累，不论是预测还是其他的智能化都是空谈。出现这种情况是因为没有形成网络 DevOps 的数据中台能力：当前所有的数据表项、数据存储、数据集约都由研发来控制，由于缺乏对业务的理解，从采集开始就没有很好的规划，包括哪些是关键且需要长时间保存的字段，哪些是辅助的基本不会变化的字段，到底需要保存多长时间，应该如何保存（是保存每个具体值，还是平均值，最大值，聚合值）等。而通过使用网络 DevOps 的数据中台能力，在应用开发人员定义业务活动的同时，就可以定义数据，定义数据的保存方式，定义数据异常的告警规则，以及对异常数据进行处理等。只有从业务开始的同时就规划好数据和数据的应用、存储，才可能有智能化的未来。

有一些团队招聘的算法专家原本的特长是算法的选择、训练和结果输出，但投入到智能化项目后，反而成了数据分析师，要将大量的时间和精力用于理解不同字段的业务含义、标准范围和处理原则，去处理和治理无效的低质量的数据。其实完全可以把这部分工作安排给更理解这些数据的人去做，让算法专家负责更专业、更擅长的领域，术业有专攻，这样才能获取好结果，并且效率自然也会大幅提升。

2. 算法

挑选合适的算法，接入应用开发已经处理过的高质量的数据集，然后训练算法，输出结果，这是算法专家的工作。很多时候，也许团队里还没有专门的算法专家，这个时候可以将一些 Scikit-learn 中的常见的库和算法导入到网络 DevOps 平台的体系中，根据实际需要从中进行选择。在实际生产中，网络中的绝大多数预测使用 Scikit-Learn 中的算法就能覆盖，基本用不到 TensorFlow 中的神经网络和深度学习，而且网工的学习成本也不会特别高。

在具体的算法上，可以选择 LSTM 来进行流量趋势的分析，不过同时要考虑地域等其他因素的影响。这个其他因素可能包括公司的整体战略，以及行业的形势和变化等。因此整体来说，互联网公司，特别是分业务单元/业务群运营的这一类，其流量预测难度更大，反倒是传统企业，特别是运营商，在流量预测方面受其他因素的影响相对要小很多。

而在故障预测上（其实就是异常检测），通过一些较为简单的聚类算法，或者线性回归算法，就能解决一些常用的场景数据分析。

不论是平台研发，还是网络运营，都要有热情和能力来掌握机器学习的原理、算法、方式，并解决实际生产的一些问题，所以，网络 DevOps 平台要关注的就是如何把这些通用能力集成到中台中。未来的"机器学习平台"，就应该只是网络 DevOps 平台整合这些通用能力后的一种新的"企业级可复用能力"集中呈现。

张 sir 很认可小 P 对于网络 DevOps 平台迭代发展的规划，尤其对 MDN 感兴趣：

如果 MDN 能规范和细化，我觉得可以像 YANG 模型和 OpenConfig 一样，为整个业界的标准化带来福音。

小 P 也很激动：对！未来两年，通过网络 DevOps+MDN，网络的运营管控一定会迈上一个新的台阶。到时候，云网一体化、元宇宙，实现起来都没问题。

但是，这里面要做的工作非常多，我们抛个砖，需要更多的人来参与进来，我们也需要付出更多的心血来研究和探索。我还开设了微信公众号"网络 DevOps"，专门用于和同行们交流分享！